FORSCHUNGSBERICHT DES LANDES NORDRHEIN-WESTFALEN

Nr. 2961/Fachgruppe Elektrotechnik/Optik

Herausgegeben vom Minister für Wissenschaft und Forschung

Prof. Dr.-Ing. Ingo Wolff
Dipl.-Phys. Norbert Schwab

Fachgebiet Allgemeine und
Theoretische Elektrotechnik an der
Universität Duisburg - Gesamthochschule -

Messung der Dielektrizitätszahl anisotroper dielektrischer Materialien im Mikrowellenbereich

Westdeutscher Verlag 1980

CIP-Kurztitelaufnahme der Deutschen Bibliothek
Wolff, Ingo:
Messung der Dielektrizitätszahl anisotroper dielektrischer Materialien im Mikrowellenbereich / Ingo Wolff ; Norbert Schwab. - Opladen : Westdeutscher Verlag, 1980.
(Forschungsberichte des Landes Nordrhein-Westfalen ; Nr. 2961 : Fachgruppe Elektrotechnik, Optik)

ISBN 978-3-531-02961-0   ISBN 978-3-322-88490-9 (eBook)
DOI 10.1007/978-3-322-88490-9

NE: Schwab, Norbert:

Gesamtherstellung: Westdeutscher Verlag

VORWORT

Dies ist der Abschlußbericht zu einem vom Minister für Wissenschaft und Forschung des Landes Nordrhein-Westfalen geförderten Forschungsvorhabens. In diesem Abschlußbericht wurden nur die wesentlichen Ergebnisse der Untersuchungen zusammengestellt. Weitere Ergebnisse sowie Details der Untersuchungen sollen in nächster Zeit in Fachzeitschriften veröffentlicht werden.

Der Minister für Wissenschaft und Forschung des Landes Nordrhein-Westfalen hat dieses Forschungsvorhaben durch die Bereitstellung von Personal- und Sachmitteln gefördert und möglich gemacht, hierfür soll ihm an dieser Stelle besonders gedankt werden.

Duisburg Februar 1980 Ingo Wolff

I N H A L T

I. Übersicht

Der Dielektrizitätstensor anisotroper Materialien im Mikrowellennereich wird mit Hilfe eines Dreischichtenkugelresonators bestimmt. Die innere Schicht des Resonators besteht aus einem einachsigen, leicht anisotropen Material.

Die Zuordnung der gemessenen Resonanzfrequenz zu den Komponenten des Dielektrizitätstensors wird sowohl aus dem Randwertproblem als auch aus dem Variationsprinzip für elektromagnetische Resonatoren bestimmt.

Der Meßresonator wird in einer Transmissionsschaltung betrieben, in der die An- und Auskopplung der Feldenergie eine vernachlässigbare Störung darstellen.

Als anisotropes dielektrisches Material wird ein Einkristallquarz, ein Einkristallsaphir und ein Einkristallcalziumvanadat verwendet.

II. Einführung

Die Bestimmung der Dielektrizitätszahl isotroper Materialien im Mikrowellenbereich ist Gegenstand vieler Untersuchungen der letzten Jahre gewesen. In jüngster Zeit ist die Frage nach der Bestimmung des Dielektrizitätstensors anisotroper dielektrischer Materialien in den Vordergrund getreten. Ausgelöst wurde dieses Bedürfnis, anisotrope dielektrische Materialien zu kennzeichnen, durch die Vielzahl der neu entwickelten Kunststoffe und Harze, die in der Mikrowellentechnik Verwendung gefunden haben /3 /. Da bei der Herstellung dieser Kunststoffe die Anisotropie nur vermindert aber nicht ganz vermieden werden kann, ist die Kenntnis der Anisotropie bezüglich des dielektrischen Verhaltens des Materials erforderlich.
Ein weiterer Grund dielektrische Anisotropie zu kennzeichnen ist die Geräteentwicklung der Elektrotechnik. Sie steht vor der Notwendigkeit, immer mehr Bauelemente auf kleinstem Raum unterzubringen. Im Zuge der damit verbundenen Miniaturisierung steigen die Anforderungen hinsichtlich der Genauigkeit elektrischer Kenngrößen wie z.B. der Dielektrizitätszahl.
Substratmaterialien in der Streifenleitungstechnik wie z.B. polykristallines Aluminiumoxid weisen eine leichte Anisotropie auf, die aus der Diskrepanz der effektiven Dielektrizitätszahl bei Verkleinerung der Leiterbreite geschlossen werden kann /26/.

Ziel dieser Arbeit ist es, mit Hilfe von kugelförmigen Hohlraumresonatoren im Mikrowellenbereich die Messung der Dielektrizitätszahlen anisotroper dielektrischer Materialien zu ermöglichen. Hierzu wird das Probematerial, das in sehr rund geschliffenen Kugeln hergestellt wurde, im Hohlraumresonator konzentrisch angeordnet und aus der Messung der Resonanzfrequenz und der Güte auf die Dielektrizitätszahlen des Materials geschlossen. Die Anwendung des kugelförmigen Hohlraumresonators basiert auf den Schlußfolgerungen im Untersuchungsbericht von P.Affolter /2/.

In diesem Bericht wird das experimentelle Resonanzverhalten von sehr rund geschliffenen freischwingenden dielektrischen Kugeln im Mikrowellenbereich, speziell im Frequenzbereich von 8 - 12,4 GHz, dargestellt. Als Meßanordnung wurde ein Rechteckhohlleiter gewählt, in dem die Kugeln möglichst symmetrisch eingebracht wurden. Es wird gezeigt, daß die Resonanzfrequenzen verschiedener Kugeln, die aus Sinterkeramiken gefertigt sind, je nach der Orientierung der Kugeln in der Meßanordnung, in zwei oder drei verschiedene Resonanzfrequenzen aufspalten. Während für gesinterte Keramikkugeln mit isotroper Ausgangssubstanz in Abhängigkeit von der Orientierung der Kugel eine Aufspaltung bis zu drei Resonanzfrequenzen gemessen wurde, konnte für eine Strontium-Titan-Oxyd-Einkristallkugel auch bei verschiedenen Orientierungen der Kugel keine Aufspaltung der Resonanzfrequenz festgestellt werden. Dagegen zeigen Kugeln aus anisotropen Titan-Oxyd-Einkristallkugeln bei verschiedener Orientierung der Kristallachsen bezüglich des elektromagnetischen Hohlleiterfeldes eine sehr deutliche Aufspaltung der Resonanzen in drei Einzelresonanzen. Aus diesem Verhalten der gesinterten Keramiken schließt Affolter auf eine makroskopisch wirksame kleine Anisotropie des Sintergutes. Da dieses anisotrope Verhalten mit den herkömmlichen physikalischen Methoden nicht nachgewiesen werden konnte, vermutet Affolter in seinem Bericht, daß die Messung der entarteten Eigenfrequenz eines Kugelresonators geeignet ist, eine kleine Anisotropie eines Materials zu messen. Darüber hinaus weist die Verwendung eines kugelförmigen Hohlraumresonators zur Messung der Anisotropie folgende Vorteile auf:

1) Unter den geschlossenen Resonatoren hat der Kugelresonator die größte Güte. Eine einfache Überlegung führt zu dieser Aussage. Die Kugel ist die einzige Form unter den vielen anderen geometrischen Formen, die bei festliegendem Volumen die kleinste Oberfläche hat. Da die metallische Hülle des kugelförmigen Hohlraumresonators eine endliche Leitfähigkeit hat, weist sie Wandstrom-

verluste auf. Die Fläche, in der diese Verluste auftreten, ist kleiner als bei anderen Geometrien. Daher sind auch die Verluste kleiner und damit die Güte größer als bei anderen Geometrien. Schwach anisotropes Material im Resonator bewirkt auch eine schwache Aufspaltung der Resonanzfrequenzen. Ist die Bandbreite groß, d.h. die Güte klein, so können eng beieinander liegende Resonanzkurven nicht mehr unterschieden werden. Es ist also bei der Auswahl der Meßsysteme auf Resonatoren großer Güte zu achten.

2) Die Anregung der verschiedenen Wellentypen ist durch einfache Koppelelemente möglich. Die Lage der Koppelelemente ist unkritisch. Bei der Transmissionsmeßmethode müssen die Koppelelemente lediglich auf einer Kugelachse liegen. Die Wellentypen E_{1n0} (TM_{1n0}) werden angeregt, wenn eine schwache Ankopplung verwendet wird und zwar derart, daß z.B. Koppelstifte mit der Innenfläche des Resonators abschließen. Dies wurde auch durch die Messung bestätigt. Bei zylindrischen Resonatoren mit Kreisquerschnitt werden gewöhnlich in einem schmalen Frequenzband mehrere Wellentypen angeregt, so daß für die eindeutige Zuordnung der Resonanzfrequenz zum Materialparameter eines Typs eine Unterdrückungstechnik erforderlich ist.

3) Der Kugelresonator besitzt gegenüber dem Rechteckresonator eine Symmetrieentartung bezüglich der Resonanzfrequenz, die im Falle einer Unsymmetrie im Resonator zu einer Aufspaltung bis zu drei Resonanzfrequenzen führt. Diese Aufspaltung kann entweder durch unsymmetrische Lage der Probekugel im Kugelresonator oder durch die Verwendung eines anisotropen Materials bei zentrischer Anordnung im Kugelresonator entstehen. Die Aufspaltung infolge unsymmetrischer Lage der Probekugel kann durch sorgfältiges Zentrieren im Resonator beseitigt werden. Daher kann bei der Messung von anisotropen Materialien die Aufspaltung infolge unsymmetrischer

Lage der Probekugel ausgeschlossen werden und somit aus den gemessenen zwei oder drei Resonanzfrequenzen und deren Güte auf die Größe des das dielektrische Material beschreibenden Dielektrizitätstensors geschlossen werden.

4) Die Berechnung der Resonanzfrequenz des Rechteckresonators, des Zylinderresonators mit Kreisquerschnitt und des Kugelresonators kann mit Hilfe des Eigenwertproblems relativ einfach durchgeführt werden. Alle anderen Resonatoranordnungen, deren Grenzflächen nicht gleichzeitig Flächen eines senkrechten Koordinatennetzes sind, lassen sich nur unter großem mathematischem oder numerischem Aufwand berechnen.

Zusammenfassend kann gesagt werden, daß der Kugelresonator gegenüber anderen Geometrien neben einer relativ einfachen Berechnung der Resonatorparameter den Vorteil der Symmetrieebenen, der größeren Güte und der einfachen Handhabung der Ankopplung aufweist. Nachteile liegen in der technologischen Maßgenauigkeit und der Schwierigkeit, hochgenaue Kugeln herzustellen.
Die theoretische Beschreibung des dielektrischen Verhaltens anisotroper Dielektrika erfolgt in Kapitel III. Dort wird die Lösung der Maxwellschen Gleichungen in einem ladungsfreien Hohlraum mit Materialeinsätzen, die tensorielles dielektrisches Verhalten aufweisen, hergeleitet. Die Einschränkung auf einachsige dielektrische Anisotropie (d.h. eine der drei dielektrischen Achsen weist eine geänderte Dielektrizitätskonstante auf) und Orientierung dieser anisotropen Achse in der zy-Ebene (Bild III.2) ist für die analytische Behandlung der Maxwellschen Gleichungen notwendig. Nur unter diesen Bedingungen läßt sich das Maxwellsche Differentialgleichungssystem 1. Ordnung, in dem die Komponenten des E- und H-Feldes miteinander verkoppelt sind, entkoppeln und in zwei getrennte Differentialgleichungen 2. Ordnung überführen. Die Lösungen dieser Differentialgleichungen führen auf zwei unabhängige Gruppen von Schwingungstypen (H- und E-Typen); beide hängen in unterschiedlicher Weise von den Elementen des Dielektrizitätstensors ab.

Aus dem Eigenwertproblem, das für den E- und den H-Typ aufgestellt werden und gelöst werden kann, werden die Elemente des Dielektrizitätstensors durch Einsetzen der gemessenen Resonanzfrequenzen in die Eigenwertgleichungen und Auflösen der Beziehungen nach den Dielektrizitätszahlen bestimmt.
Zur Auswertung der Eigenwertgleichungen werden zwei Näherungsverfahren verwendet. Durch Entwicklen der Felder des Resonators mit anisotroper Meßprobe nach den Eigenlösungen des isotropen Kugelresonators und durch Anwenden der Variationsrechnung lassen sich zwei Näherungsbeziehungen zur Bestimmung des Zusammenhangs zwischen den Resonanzfrequenzen und den Elementen des Dielektrizitätstensors berechnen, die eine einfache Auswertung des Messungen gestatten.
Kapitel IV zeigt schließlich den Weg und die experimentellen Voraussetzungen zur Gewinnung der Meßergebnisse. Die gemessenen und errechneten Dielektrizitätszahlen von einkristallinem Quarz, Saphir und Calziumvanadat werden mit Werten aus der Literatur verglichen.

III. Theoretische Beschreibung

Bei der mathematischen Behandlung des elektromagnetischen Schwingungszustandes kugelförmiger Hohlraumresonatoren mit konzentrisch eingebrachten anisotropen dielektrischen Proben (Bild III.1) wurden zwei Wege eingeschlagen:

1. Beschreibung des Feldes innerhalb des anisotropen Materials durch eine Entwicklung nach den Eigenfunktionen einer isotropen Resonatoranordnung in eine orthogonale Reihe und Anpassung dieser Reihe an den Grenzen der Resonatoranordnung (Feldtypenanpassung).

2. Numerische Auswertung der Minimaleigenschaft des kleinsten Eigenwertes, der den Grundschwingungszustand charakterisiert (Variationsmethode).

III.1 Feldtypenanpassung

Die Bestimmung der Resonanzfrequenz der anisotropen kugelförmigen Resonatoranordnung (Bild III.1) erfolgt durch Lösen des Maxwellschen Differentialgleichungssystems. Dabei werden folgende Voraussetzungen gemacht.

1. Die äußere Kugelschale besteht aus einem ideal leitendem Metall ($\sigma \to \infty$).

2. Das dielektrische Material im Hohlraum weist keine dielektrischen Verluste auf und ist außerdem unmagnetisch ($\mu = \mu_o$).

3. Das dielektrische Material weist eine einachsige dielektrische Anisotropie auf, d.h. das elektromagnetische Verhalten dieser Materialien wird durch einen Dielektrizitätstensor der Form

$$\overleftrightarrow{\varepsilon} = \begin{bmatrix} \varepsilon_{xx} & \varepsilon_{xy} & \varepsilon_{xz} \\ \varepsilon_{yx} & \varepsilon_{yy} & \varepsilon_{yz} \\ \varepsilon_{zx} & \varepsilon_{zy} & \varepsilon_{zz} \end{bmatrix} \qquad \text{(III.1)}$$

mit $\varepsilon_{xx} = \varepsilon_{yy}$ und $\varepsilon_{ik} = \varepsilon_{ki}$, i,k=x,y,z beschrieben.

4. Die ausgezeichnete dielektrische Achse $\varepsilon_{\parallel}$ soll parallel zur elektrischen Symmetrieachse des E_{110}-Schwingungstyps im Hohlraumresonator angeordnet werden (Bild III.2).

Zu den Materialien mit einachsiger dielektrischer Anisotropie gehören insbesondere die optisch einachsigen Kristalle. Diese Kristalle haben aufgrund ihrer Struktur eine ausgezeichnete kristallographische Richtung. Hierzu gehören die Kristalle des trigonalen, tetragonalen und hexagonalen Kristallsystems. Wird die z-Richtung in die ausgezeichnete Achse gelegt, so gilt für die Tensorelemente $\varepsilon_{xx} = \varepsilon_{yy} \neq \varepsilon_{zz}$ /1/. Aber auch einige polykristalline gesinterte dielektrische Materialien und amorphe Kunststoffgemische gehören in die betrachtete Gruppe der Materialien. Bei diesen Materialien entsteht die Anisotropie durch den Sinterungs- oder Verklebungsvorgang. Dies war auch Gegenstand einer Untersuchung von P. Affolter /2/ an polykristallinem Rutil (TiO_2). Er entdeckte eine Aufspaltung der Resonanzfrequenz kugelförmigen Resonatoren die mit großer Sicherheit auf eine makroskopisch wirksame Anisotropie zurückzuführen ist.

Durch sorgfältige und aufwendige Arbeitsvorgänge läßt sich diese Anisotropie zwar vermindern, aber nicht ganz beseitigen, so daß die Messung dieser Anisotropie notwendig wird /3/.

Die in einer Hohlraumanordnung (Bild III.1) mit anisotropem Material möglichen quellenfreien elektromagnetischen Felder genügen den Maxwellschen Gleichungen.

$$\text{rot}\,\vec{H}' = \overleftrightarrow{\varepsilon}\varepsilon_0 \frac{\delta}{\delta t}\vec{E}', \qquad \text{div}\,\vec{H}' = 0\,, \tag{III.2}$$

$$\text{rot}\,\vec{E}' = -\mu_0 \frac{\delta}{\delta t}\vec{H}', \qquad \text{div}\,\vec{E}' = 0\,. \tag{III.3}$$

Mit dem Ansatz der periodischen Zeitabhängigkeit

$$\vec{E}'(\vec{x},t) = \text{Re}\,\{\underline{\vec{E}}'(\vec{x})\,e^{j\omega t}\}\,, \tag{III.4}$$

$$\vec{H}'(\vec{x},t) = \text{Re}\,\{\underline{\vec{H}}'(\vec{x})\,e^{j\omega t}\} \tag{III.5}$$

mit $\vec{x} = \{x,y,z\}$ dem Ortskoordinatenvektor, ω der Kreisfrequenz und $\underline{\vec{E}}'(\vec{x})$, $\underline{\vec{H}}'(\vec{x})$ den komplexen Vektorzeigern der elektrischen und der magnetischen Feldstärken (die im folgenden vereinfacht wieder mit $\vec{E}'$ und $\vec{H}'$ bezeichnet werden) lauten die Maxwellschen Gleichungen

$$\mathrm{rot}\,\vec{H}' = j\omega\overleftrightarrow{\varepsilon}\varepsilon_0\vec{E}' \ , \quad \mathrm{div}\,\vec{H}' = 0, \tag{III.6}$$

$$\mathrm{rot}\,\vec{E}' = -j\omega\mu_0\vec{H}' \ , \quad \mathrm{div}\,\vec{E}' = 0. \tag{III.7}$$

Die dielektrische Anisotropie des Materials wird durch den dielektrischen Tensor $\overleftrightarrow{\varepsilon}$ beschrieben, d.h. die dielektrische Verschiebungsdichte $\vec{D}'$ ist eine lineare Funktion der elektrischen Feldstärke derart, daß für die Komponenten von $\vec{D}'$ und $\vec{E}'$ der Zusammenhang

$$\begin{aligned} D'_x &= \varepsilon_{xx}E'_x + \varepsilon_{xy}E'_y + \varepsilon_{xz}E'_z \\ D'_y &= \varepsilon_{yx}E'_x + \varepsilon_{yy}E'_y + \varepsilon_{yz}E'_z \\ D'_z &= \varepsilon_{zx}E'_x + \varepsilon_{zy}E'_y + \varepsilon_{zz}E'_z \end{aligned} \tag{III.8}$$

gilt.

$\vec{D}'$ ist das Produkt eines Tensors $\overleftrightarrow{\varepsilon}$ zweiter Stufe mit dem Vektor $\vec{E}'$. Die Elemente ε_{ik} des Tensors beschreiben die Materialeigenschaften des dielektrischen Materials; sie sind für eine konstante Kreisfrequenz konstante Größen. Der Tensor $\overleftrightarrow{\varepsilon}$ ist symmetrisch /1/, so daß er ein System von sechs unabhängigen Elementen repräsentiert. Ein solcher Tensor kann immer durch Übergang zu einem speziellen Koordiantensystem diagonalisiert werden /4/. In diesem, im Kristall festliegenden sogenannten dielektrischen Hauptachsensystem (1,2,3) wird also

$$\overleftrightarrow{\varepsilon} = \begin{bmatrix} \varepsilon_1 & 0 & 0 \\ 0 & \varepsilon_2 & 0 \\ 0 & 0 & \varepsilon_3 \end{bmatrix} , \tag{III.9}$$

d.h. es gilt: $D'_x = \varepsilon_1 E'_x$, $D'_y = \varepsilon_2 E'_y$, $D'_z = \varepsilon_3 E'_z$.

Durch Einführen reduzierter Feldgrößen $\vec{E}$, $\vec{H}$ /5/ nach den Bezeichnungen

$$\vec{E} = j\sqrt{\varepsilon_0}\,\vec{E}', \tag{III.10}$$

$$\vec{H} = \sqrt{\mu_0}\,\vec{H}' \tag{III.11}$$

kann eine symmetrische Darstellung der Maxwellschen Gleichungen (III.6) und (III.7) in der Form

$$\text{rot}\,\vec{H} = k_o \overleftrightarrow{\varepsilon}\,\vec{E}, \qquad \text{(III.12)}$$

$$\text{rot}\,\vec{E} = k_o\,\vec{H} \qquad \text{(III.13)}$$

mit $k_o = \omega\sqrt{\varepsilon_o\mu_o}$, der Wellenzahl des freien Raumes, abgeleitet werden. Die Lösungen dieses Gleichungssystems (III.12) und (III.13) erfolgt für das vorliegende Problem zweckmäßigerweise in Kugelkoordinaten, da die Geometrie der Ränder kugelförmig ist. Das Maxwellsche Gleichungssystem (III.12) und (III.13) wird in Kugelkoordinaten transformiert; das Ergebnis der Transformation lautet:

$$\begin{aligned}
&\frac{\delta}{\delta\vartheta}(\sin\vartheta H_\varphi) - \frac{\delta}{\delta\varphi} H_\vartheta = \\
&k_o r \sin\vartheta(E_r(\sin^2\vartheta\cdot(\varepsilon_1\cos^2\varphi + \varepsilon_2\sin^2\varphi) + \varepsilon_3\cos^2\vartheta) \\
&\qquad + E_\vartheta(\sin\vartheta\cos\vartheta\cdot(\varepsilon_1\cos^2\varphi + \varepsilon_2\sin^2\varphi - \varepsilon_3)) \\
&\qquad + E_\varphi(\sin\vartheta\cos\varphi\sin\varphi(\varepsilon_2 - \varepsilon_1)))\ ,
\end{aligned} \qquad \text{(III.14)}$$

$$\begin{aligned}
&1/\sin\cdot\frac{\delta}{\delta\varphi} H_r - \frac{\delta}{\delta r}(rH_\varphi) = \\
&k_o r\ (E_r(\sin\vartheta\cdot\cos\vartheta\cdot(\varepsilon_1\cos^2\varphi + \varepsilon_2\sin^2\varphi - \varepsilon_3)) \\
&\quad + E_\vartheta(\cos^2\vartheta\cdot(\varepsilon_1\cos^2\varphi + \varepsilon_2\sin^2\varphi) + \varepsilon_3\sin^2\vartheta) \\
&\quad + E\ (\sin\varphi\cdot\cos\varphi\cdot\cos\vartheta\cdot(\varepsilon_2 - \varepsilon_1)))\ ,
\end{aligned} \qquad \text{(III.15)}$$

$$\begin{aligned}
&\frac{\delta}{\delta r}(rH_\vartheta) - \frac{\delta}{\delta\vartheta} H_r = \\
&k_o r\ (E_r(\sin\vartheta\cdot\sin\varphi\cdot\cos\varphi\cdot(\varepsilon_2 - \varepsilon_1)) \\
&\quad + E_\vartheta(\sin\varphi\cos\varphi\cdot\cos\vartheta\cdot(\varepsilon_2 - \varepsilon_1)) \\
&\quad + E_\varphi(\varepsilon_1\sin^2\varphi + \varepsilon_2\cos^2\varphi))\ ,
\end{aligned} \qquad \text{(III.16)}$$

$$\frac{\delta}{\delta\vartheta}(\sin\vartheta\cdot E_\varphi) - \frac{\delta}{\delta\varphi} E_\vartheta = k_o r \sin\vartheta\cdot H_r\ , \qquad \text{(III.17)}$$

$$1/\sin\cdot\frac{\delta}{\delta\varphi} E_r - \frac{\delta}{\delta r}(rE_\varphi) = k_o r\ H_\vartheta\ , \qquad \text{(III.18)}$$

$$\frac{\delta}{\delta r}(rE_\vartheta) - \frac{\delta}{\delta\vartheta} E_r = k_o r\, H_\varphi \,. \qquad \text{(III.19)}$$

Gelten die eingangs genannten Voraussetzungen für das anisotrope Material, so nimmt der Tensor (III.9) die folgende vereinfachte Form an:

$$\overleftrightarrow{\varepsilon} = \begin{bmatrix} \varepsilon_1 & 0 & 0 \\ 0 & \varepsilon_1 & 0 \\ 0 & 0 & \varepsilon_3 \end{bmatrix} \quad , \quad \varepsilon_1 \neq \varepsilon_3 \,. \qquad \text{(III.20)}$$

Eine ausgezeichnete Klasse von Lösungen des Gleichungssystems (III.14) bis (III.19) unter Verwendung des Tensors nach (III.20) ist die Klasse der vom Azimuthwinkel φ unabhängigen Schwingungstypen, die durch die Bedingung $\delta/\delta\varphi = 0$ gekennzeichnet ist. Die Feldlösungen dieser Klasse werden durch die vereinfachten Beziehungen

$$\frac{\delta}{\delta\vartheta}(\sin\vartheta\, H_\varphi) = k_o r\, \sin\vartheta \cdot (E_r(\varepsilon_1 \sin^2\vartheta + \varepsilon_3 \cos^2\vartheta) + E_\vartheta(\sin\vartheta\, \cos\vartheta\, (\varepsilon_1 - \varepsilon_3))), \qquad \text{(III.21)}$$

$$\frac{\delta}{\delta r}(rH_\varphi) = -k_o r\, (E_r(\sin\vartheta\, \cos\vartheta\, (\varepsilon_1 - \varepsilon_3)) + E_\vartheta(\varepsilon_1 \cos^2\vartheta + \varepsilon_3 \sin^2\vartheta)) \,, \qquad \text{(III.22)}$$

$$\frac{\delta}{\delta r}(rH_\vartheta) - \frac{\delta}{\delta\vartheta} H_r = k_o r \varepsilon_1 E_\varphi \,, \qquad \text{(III.23)}$$

$$\frac{\delta}{\delta\vartheta}(\sin\vartheta\, E_\varphi) = k_o r\, \sin\vartheta\, H_r \,, \qquad \text{(III.24)}$$

$$\frac{\delta}{\delta r}(rE_\vartheta) = -k_o r\, H_\vartheta \,, \qquad \text{(III.25)}$$

$$\frac{\delta}{\delta r}(rE_\vartheta) - \frac{\delta}{\delta\vartheta} E_r = k_o r\, H_\varphi \qquad \text{(III.26)}$$

beschrieben.

Die Annahme, daß Lösungen für die elektrische Feldstärke und die magnetische Feldstärke existieren, die vom Azimuthwinkel φ unabhängig sind, ist nur für eine ausgezeichnete Richtung der ε_3-Achse parallel zur elektrischen Symmetrieachse (z-Achse) des E_{110}-Schwingungstyps (Bild III.2) gerechtfertigt. In dieser Stellung liegen wie im isotropen Fall die zwei Schwingungstypen, die H- und E-Typen getrennt voneinander vor. Dies ist daraus zu erkennen, daß die Differentialgleichungen für die E_φ, H_r, H_ϑ (vergleiche Gln.(III.23), (III.24) und (III.25)) und für H_φ , E_r, E_ϑ (vergleiche Gln.(III.21), (III.22) und (III.26)) nicht mehr miteinander verkoppelt sind. Dagegen existiert, wie sich später zeigen wird, eine Verkopplung zwischen den E_{1n0}-Typen verschiedener Ordnung n. Eine andere Orientierung des elektromagnetischen Feldes im dielektrischen Material, als die beschriebene, ergibt eine Abhängigkeit der Felder vom Azimuthwinkel φ und die Gln. (III.14) bis (III.19) lassen sich nicht mehr in zwei voneinander entkoppelten Gleichungsgruppen so darstellen, daß die E- und H-Typen getrennt voneinander existenzfähig sind.

Die beiden Gleichungsgruppen werden in einer verkürzten Operatorschreibweise geschrieben. Aus den Gln. (III.23), (III.24) und (III.25) folgt :

$$(\mathsf{L} + k_1^2)\, E_\varphi = 0 \;, \qquad \text{(III.27)}$$

$$H_r = (1/k_0\, \mathsf{T})\, E_\varphi \;, \qquad \text{(III.28)}$$

$$H_\vartheta = (1/k_0\, \mathsf{R})\, E_\varphi \;, \qquad \text{(III.29)}$$

mit $k_1 = k_0\sqrt{\varepsilon_1}$ und aus den Gln (III.21), (III.22) und (III.26) folgt nach einigen Umformungen /6/:

$$(\mathsf{L} - f(f)\cdot\Delta\varepsilon + k_3^2)\, H_\varphi = 0 \;, \qquad \text{(III.30)}$$

$$E_r = (1/k_0/\varepsilon_3\, \mathsf{T} - \Delta\varepsilon/k_0/\varepsilon_3 \sin\vartheta\cdot f\,)\, H_\varphi \;, \qquad \text{(III.31)}$$

$$E_\vartheta = (1/k_0/\varepsilon_3\, \mathsf{R} - \Delta\varepsilon/k_0/\varepsilon_3 \cos\vartheta\cdot f\,)\, H_\varphi \;, \qquad \text{(III.32)}$$

mit $k_3 = k_0\sqrt{\varepsilon_3}$. Die verwendeten Operatoren lauten:

$$L = 1/r \frac{\delta^2}{\delta r^2}(r\cdot\ ) + \frac{\delta}{\delta\vartheta}(1/\sin\vartheta \frac{\delta}{\delta\vartheta}(\sin\vartheta\cdot\ ))\ , \qquad \text{(III.33)}$$

$$f = 1/r\ (\frac{\delta}{\delta\vartheta}(\sin\vartheta\cdot\ ) - \frac{\delta}{\delta r}(r\cdot\ )\cos\vartheta\ )\ , \qquad \text{(III.34)}$$

$$T = 1/r/\sin\vartheta . \frac{\delta}{\delta\vartheta}(\sin\vartheta\cdot\ )\ , \qquad \text{(III.35)}$$

$$R = -1/r . \frac{\delta}{\delta r}(r\cdot\ ) \qquad \text{(III.36)}$$

und $\Delta\varepsilon = (\varepsilon_1 - \varepsilon_3)/\varepsilon_1$. Diese Operatoren sind lineare Differentialoperatoren.

Die Lösungen der Gleichungsgruppe (III.27) bis (III.29) bilden den H_{pn0}-Typ (p = Kennkoeffizient der r-Richtung, n = Kennkoeffizient der ϑ-Richtung und vereinbarungsgemäß keine Feldabhängigkeit von der φ-Koordinate, $\delta/\delta\varphi = 0$) $\vec{E} = \{0, 0, E_\varphi\}$ und $\vec{H} = \{H_r, H_\vartheta, 0\}$ und Lösungen der Gln. (III.30) bis (III.32) den E_{pn0}-Typ $\vec{E} = \{E_r, E_\vartheta, 0\}$ und $\vec{H} = \{0, 0, H_\varphi\}$. Wie aus den Gleichungen zu erkennen ist, hängt der E_{pn0}-Schwingungstyp von der Anisotropie des Materials ab, während der H_{pn0}-Typ mit dem H_{pn0}-Typ der isotropen Resonatoranordnung identisch ist, dessen Lösung bekannt ist.

Für $\Delta\varepsilon = 0$, d.h. $\varepsilon_3 = \varepsilon_1$ gehen die Gln. (III.30) bis (III.32) in die Gleichungen für den Resonator mit isotropem Material über.

Es soll versucht werden, eine allgemeine Lösung der Differentialgleichung (III.30) als Reihenentwicklung nach den azimuth-winkel-unabhängigen E_{1n0}-Schwingungstypen des isotropen Resonators zu finden. Dabei wird angenommen, daß z.B. die H_φ-Komponenten durch die Reihe über die orthogonalen Eigenfunktionen der isotropen Resonatoranordnung der Form

$$H_{\varphi n} = \psi_n(kr)\ P_n^1(\cos\vartheta\ )\ , \qquad \text{(III.37)}$$

mit $\psi_n(kr) = 1/\sqrt{kr}\cdot J_{n+1/2}(kr)$ der sogenannten "Kugelbesselfunktion" der Ordnung n und P_n^1 dem "zugeordneten Legendrepolynom erster Art der Ordnung n", beschrieben werden können. Die Wellenzahl k ist zunächst unbekannt und soll aus den Randbedingungen für E_ϑ und H_φ bestimmt werden. Der Ansatz lautet:

$$H_\varphi = \sum_{n=1}^{\infty} A_n H_{\varphi n} \ . \qquad \text{(III.38)}$$

A_n beschreibt die Feldamplituden der einzelnen Wellentypen.
Mit der Vorschrift,

$$\langle H_{\varphi j} \ , \ Q\, H_\varphi \rangle = 0 \quad , \quad j=1,2,3\ldots \ , \qquad \text{(III.39)}$$

dem skalaren Produkt in einem von den orthogonalen Koordinatenfunktionen $H_{\varphi j}$ aufgespannten Funktionenraum läßt sich der Zusammenhang zwischen der Wellenzahl k und der durch die Anisotropie ($\Delta\varepsilon$) erzeugten und gesuchten Eigenfrequenz $\omega = k_o / \sqrt{\varepsilon_3}$ bestimmen /14/ .
Dabei bedeuten

$$Q = (L - \Delta\varepsilon f(f) + k_3^2) \qquad \text{(III.40)}$$

der aus Gl.(III.30) zusammengefaßte Operator.

$$\begin{aligned} QH_\varphi = \sum^{\infty} (& -\Delta\varepsilon\, k^2 \alpha_n \psi_{n+2}^{*} P_{n+2}^1 \\ & + (k_3^2 - k^2 \cdot (1 - \beta_n \Delta\varepsilon)) \psi_n P_n^1 \\ & - \Delta\varepsilon\, k^2 \gamma_n \psi_{n-2} P_{n-2}^1) \end{aligned} \qquad \text{(III.41)}$$

mit

$$\alpha_n = \frac{n(n+1)}{(2n+1)(2n+3)} \ , \qquad \text{(III.42)}$$

$$\beta_n = \frac{n(n+2)}{(2n+3)(2n+1)} + \frac{n^2-1}{(2n-1)(2n+1)} \ , \qquad \text{(III.43)}$$

$$\gamma_n = \frac{n(n+1)}{(2n-1)(2n+1)} \ . \qquad \text{(III.44)}$$

Aus Gl.(III.39) lassen sich unter Berücksichtigung der Gln.(III.41) bis (III.44) zwei voneinander unabhängige homogene Gleichungssysteme für die unbekannten Amplituden A_n gewinnen. In der Matrix zu diesem Gleichungssystem sind nur die unteren, mittleren und oberen Diagonalelemente besetzt:

$$\begin{bmatrix} a_{11} & a_{13} & 0 & 0 & \cdots \\ a_{31} & a_{33} & a_{35} & 0 & \cdots \\ 0 & a_{53} & a_{55} & a_{57} & \cdots \\ \cdot & \cdot & \cdot & \cdot & \cdots \\ \cdot & \cdot & \cdot & \cdot & \cdots \\ \cdot & \cdot & \cdot & \cdot & \cdots \end{bmatrix} \begin{bmatrix} A_1 \\ A_3 \\ A_5 \\ \cdot \\ \cdot \\ \cdot \end{bmatrix} = 0 \quad , \qquad (III.45)$$

$$\begin{bmatrix} a_{22} & a_{24} & 0 & 0 & \cdots \\ a_{42} & a_{44} & a_{46} & 0 & \cdots \\ 0 & a_{64} & a_{66} & a_{68} & \cdots \\ \cdot & \cdot & \cdot & \cdot & \cdots \\ \cdot & \cdot & \cdot & \cdot & \cdots \\ \cdot & \cdot & \cdot & \cdot & \cdots \end{bmatrix} \begin{bmatrix} A_2 \\ A_4 \\ A_6 \\ \cdot \\ \cdot \\ \cdot \end{bmatrix} = 0 \qquad (III.46)$$

mit

$$a_{n,n+2} = \Delta\varepsilon\, \gamma_{n+2} \quad , \qquad (III.47)$$

der oberen Spur,

$$a_{n,n} = (1-\beta_n \Delta\varepsilon) - \lambda \quad , \quad \lambda = k_3^2/k^2 \quad , \qquad (III.48)$$

der mittleren Spur und

$$a_{n,n-2} = \Delta\varepsilon\, \alpha_{n-2} \quad , \qquad (III.49)$$

der unteren Spur.

Die Gln.(III.45) bis (III.49) sind der mathematische Ausdruck für die durch die Anisotropie erfolgte Verkopplung der Wellentypen $E_{1(n-2)0}$, E_{1n0} und $E_{1(n+2)0}$. Die Wurzeln, das Spektrum λ_j der sogenannten Sekulargleichung

$$\mathrm{Det}(a_{ik}) = 0 \quad , \qquad (III.50)$$

bestimmen den Zusammenhang zwischen der Resonanzfrequenz $\omega = (k_3)_j / \sqrt{\varepsilon_3}$ des j-ten Schwingungstyps und der Wellenzahl k_j des j-ten Typs. Im folgenden wird nur der anisotrope Grundtyp betrachtet, da sich dieser Schwingungstyp erfahrungsgemäß am besten zu meßtechnischen Zwecken eignet. Gl.(III.50) stellt eine Gleichung mit zwei Unbekannten k, ω dar. Zur eindeutigen Bestimmung von k, ω ist eine weitere Sekulargleichung erforderlich, die aus den Randbedingungen für E_ϑ und H_φ gewonnen werden kann. Die Randbedingungen lauten:

$$E_\vartheta^{I}\Big|_{R_1} = E_\vartheta^{II}\Big|_{R_1} ,\qquad H_\vartheta^{I}\Big|_{R_1} = H_\vartheta^{II}\Big|_{R_1} . \tag{III.51}$$

Für die E -Komponente des Luftbereichs II müssen darüber hinaus die Randbedingungen:

$$E_\vartheta^{II}\Big|_{R_2} = 0 \tag{III.52}$$

erfüllt sein. Unter Berücksichtigung der Bereichsaufteilung (Bild III.1) führen diese Bedingungen zu folgendem linearen Gleichungssystem:

$$\begin{bmatrix} b_{11} & b_{13} & 0 & 0 & \cdots \\ b_{31} & b_{33} & b_{35} & 0 & \cdots \\ 0 & b_{53} & b_{55} & b_{57} & \cdots \\ \cdot & \cdot & \cdot & \cdot & \cdots \\ \cdot & \cdot & \cdot & \cdot & \cdots \\ \cdot & \cdot & \cdot & \cdot & \cdots \end{bmatrix} \begin{bmatrix} A_1 \\ A_3 \\ A_5 \\ \cdot \\ \cdot \\ \cdot \end{bmatrix} = 0 \tag{III.53}$$

Dabei bedeuten:

$$b_{n,n+2} = -\Delta\varepsilon\,\gamma_{n+2}((n+3)\psi_{n+2}+r\frac{\delta}{\delta r}\psi_{n+2}) \tag{III.54}$$

die obere Spur,

$$b_{n,n} = b^{+}_{n,n}+g_n \cdot \psi_n/e_n \tag{III.55}$$

mit

$$b^{+}_{n,n} = \underline{-n\psi_n \cdot (1-\zeta_n\Delta\varepsilon)+ kr\psi_{n-1} \cdot (1-\beta_n\Delta\varepsilon)} , \tag{III.56}$$

$$\underline{\zeta_n = (n+2)/(2n+3)} , \quad (\beta_n \text{ siehe Gl.(III.43)}),$$

$$g_n = \frac{\delta}{\delta r}(rh_n^{(2)}(k_o r))\Big|_{R_1} - (\frac{\delta}{\delta r}(rh_n^{(2)}(k_o r))\Big|_{R_2})/ \\ \underline{(\frac{\delta}{\delta r}(rh_n^{(1)}(k_o r))\Big|_{R_2}) \cdot \frac{\delta}{\delta r}(rh_n^{(1)}(k_o r))\Big|_{R_1}} , \tag{III.57}$$

$$e_n = h_n^{(1)}(k_o R_1)(\frac{\delta}{\delta r}(rh_n^{(2)}(k_o r))\Big|_{R_2})/ \\ (\frac{\delta}{\delta r}(rh_n^{(1)}(k_o r))\Big|_{R_2}) - h_n^{(1)}(k_o R_1) , \tag{III.58}$$

$$h_n^{(i)}(kr) = 1/\sqrt{kr}\cdot H_{n+1/2}^{(i)}(kr) \quad , \; i=1,2 \; ,$$

der Hankelfunktion erster und zweiter Art, die mittlere Spur und

$$b_{n,n-2} = \Delta\varepsilon\, a_{n-2}((n-2)\psi_{n-2} - r\frac{\delta}{\delta r}\psi_{n-2}) \; , \qquad \text{(III.59)}$$

der unteren Spur.

Im Ausdruck $g_n \cdot \psi_n / e_n$ wurde von den Randbedingungen für $H_\varphi|_{R1}$ und $E_\vartheta|_{R2}$ Gebrauch gemacht. Der Index n durchläuft die ungeraden positiven ganzen Zahlen. Das zweite Gleichungssystem analog zu Gln.(III.46) ist hier weggelassen, da nur der Grundtyp (n = 1) betrachtet wird. Die zu bildende Sekulargleichung enthält wie Gl.(III.50) k und ω als Unbekannte.

$$\mathrm{Det}(b_{ik}) = 0 \; . \qquad \text{(III.60)}$$

Damit und mit Gl.(III.50) kann k und insbesondere die Resonanzfrequenz ω des anisotropen Resonators bestimmt werden. Die numerische Behandlung der Eigenwertgleichung (III.50) und (III.60) führt zu einer notwendigen Beschränkung der Anzahl der Eigenfunktionen in Gl.(III.38). Wie aus Bild III.3 zu ersehen ist, reichen bereits drei Eigenfunktionen zur Berechnung der Resonanzfrequenz der anisotropen Resonatoranordnung nach Bild III.1 aus. Die Werte für ω liegen dann bereits außerhalb der Meßgenauigkeit. Die Anzahl der Eigenfunktion, die berücksichtigt werden müssen, hängt von der Größe der Anisotropie ($\Delta\varepsilon$) und der Größe des anisotropen Bereichs ab. Für eine kleine Anisotropie, d.h. ($\Delta\varepsilon \leqq 0{,}2$) und kleine Radien ($R_1 \leqq 0{,}5$ cm) reicht bereits die Berücksichtigung der ersten Eigenfunktion H_{φ_1} aus, um im Rahmen der Meßgenauigkeit zu bleiben (Tabelle IV.1). Aus Gl.(III.50) folgt dann unter Vernachlässigung der verkoppelten Terme (a_{31}) die einfache Beziehung:

$$\omega = k\sqrt{\frac{1 - 1/5\cdot\Delta\varepsilon}{3}} \qquad \text{(III.61)}$$

Diese Beziehung wird in Gl.(III.60) eingesetzt, so daß Gl.(III.60) für die unbekannte Resonanzfrequenz ω eine

Bestimmungsgleichung darstellt. Die Auswertung für verschiedene Geometrien und anisotrope Materialien erfolgt im Vergleich mit der Variationsmethode und soweit möglich im Vergleich mit den Messungen. Bild III.4 zeigt die für einen Resonator mit einachsig anisotroper Materialprobe auftretende Verschiebung der Resonanzfrequenz gegenüber der Resonanzfrequenz eines Meßresonators mit einer isotropen Materialprobe. Aufgetragen sind die Ergebnisse für den E_{110}-, den E_{210}- und den E_{310}-Schwingungstyp in Abhängigkeit von der Dielektrizitätszahl ε_1 bei angenommener einachsiger Anisotropie von 10%.

III.2 Die Variationsmethode

Die Variationsrechnung geht von bestimmten Beziehungen für die zu berechnenden Größen (z.B. Eigenfrequenz des Resonators) in Abhängigkeit von bestimmenden Parametern (z.B. dem magnetischen Feld innerhalb des Resonators) aus. Damit die Variationsmethode angewendet werden darf, müssen diese Beziehungen unempfindlich, d.h. stationär gegenüber einer Änderung der bestimmenden Parameter sein. Unter diesen Voraussetzungen können die gesuchten Größen in guter Näherung aus den aufgestellten Beziehungen berechnet werden, selbst wenn die bestimmenden Parameter nur sehr ungenau angegeben werden können. Die Bedingung, unter der sich allgemeine Beziehungen stationär gegen kleine Änderungen in den bestimmenden Parametern verhalten, erkennt man z.B. an Funktionen an zwei Veränderlichen. Es wird die Funktion f(x,y) betrachtet und an der Stelle x_0, y_0 in eine Potenzreihe

$$
\begin{aligned}
f(x,y) = {} & f(x_0,y_0) + \frac{\delta f}{\delta x}\Big|_{x_0,y_0} (x-x_0) \\
& + \frac{\delta f}{\delta y}\Big|_{x_0,y_0} (y-y_0) + 1/2\, \frac{\delta^2 f}{\delta x^2}\Big|_{x_0,y_0} (x-x_0)^2 \\
& + 1/2\, \frac{\delta^2 f}{\delta y^2}\Big|_{x_0,y_0} (y-y_0)^2 \\
& + \frac{\delta^2 f}{\delta x \delta y}\Big|_{x_0,y_0} (x-x_0)(y-y_0)
\end{aligned}
$$

entwickelt. Diese Funktion ist dann unempfindlich gegen eine kleinere Variation in den Veränderlichen, wenn ihre erste Ableitung bei x_0, y_0 verschwinden. Unter diesen Bedingungen wird sich der Funktionswert nur um kleine Beträge ändern, die von höherer Ordnung in $(x - x_0)$ und $(y - y_0)$ sind. D.h., die Funktion f(x,y) muß an der Stelle x_0, y_0 entweder ein Extremum oder einen Sattenpunkt besitzen. Eine Funktion mit diesen Eigenschaften bei x_0, y_0 wird stationär bezüglich der Stelle x_0, y_0 genannt.

Funktionen, die allgemeiner sind, als Funktionen von zwei Veränderlichen, werden stationär genannt, wenn bei den jeweils richtigen Werten der bestimmenden Parameter die erste Ableitung bezüglich aller dieser Parameter verschwinden. Unter dieser Voraussetzung wird die sogenannte erste Variation der Funktion bei einer kleinen, sonst aber beliebigen Änderung der bestimmenden Parameter verschwinden. Der Vorteil eines stationären Ausdruckes zur näherungsweisen Rechnung liegt in der geringen Beeinflussung der Beziehung bei Annahme von Fehlern in den Parameterwerten. Für den abgeschlossenen Resonator mit dielektrischem Material als Inhalt und einer unendlich gut leitenden Hülle lautet die Eigenfrequenz in Abhängigkeit von den elektromagnetischen Feldern im Resonator /7/ /8/ /9/:

$$\omega_r^2 = \frac{\int_V (\text{rot } H^*)\, \overleftrightarrow{\varepsilon}^{-1} (\text{rot } H)\, dV}{\int_V H^* \mu\, H\, dV} \quad . \qquad \text{(III.62)}$$

Dabei bedeuten:

ω = Kreisresonanzfrequenz (Eigenfrequenz),

$\mu=\mu_0 \cdot \mu_r$= Permeabilität,

$\overleftrightarrow{\varepsilon}^{-1}$ = inverser dielektrischer Tensor,

$\vec{H}$ = magnetisches Feld.

Diese Beziehung ist stationär in Bezug auf eine Variation des magnetischen Feldes, so daß sie zur näherungsweisen Berechnung der Eigenfrequenz benutzt werden kann. Der Nachweis wird mit Hilfe eines Probefeldes $H_p = H + p \cdot h$ erbracht. H_p wird in Gl.(III.62) eingesetzt und die 1. Variation $\delta\omega = p \partial\omega_r / \partial p |_p = 0$ gebildet. Diese 1. Variation verschwindet für die richtige Feldverteilung /7/. Der stationäre Ausdruck Gl.(III.62) ist aus den Maxwellschen Feldgleichungen abgeleitet unter der Voraussetzung, daß die Randbedingungen $n \times \vec{E} = 0$, mit n dem Normalenvektor, der nach außen in das Metall weist, erfüllt ist /10/.

Die oben erwähnten Zusammenhänge gelten auch für die folgende Resonatoranordnung. Eine zweiachsige leicht anisotrope dielektrische Kugel befindet sich konzentrisch in einem Hohlraumresonator, dessen Wände ideale Leiter sind, d.h. die elektrische Leitfähigkeit des Resonatormaterials wird als unendlich groß ($\sigma_3 \to \infty$, Bild III.1) angenommen. Das dielektrische Material wird durch den Tensor

$$\overset{\leftrightarrow}{\varepsilon} = \begin{bmatrix} \varepsilon_1 & 0 & 0 \\ 0 & \varepsilon_2 & 0 \\ 0 & 0 & \varepsilon_3 \end{bmatrix} \qquad \text{(III.63)}$$

mit $|(\varepsilon_1 - \varepsilon_3)/\varepsilon_1| < 1$ beschrieben.
Die Annahme, daß eine schwach anisotrope Kugel ($\overset{\leftrightarrow}{\varepsilon}$) die Feldverteilung $\vec{H}$ nur geringfügig gegenüber der Feldverteilung der isotropen dielektrischen Kugel ($\overset{\leftrightarrow}{\varepsilon} = \varepsilon$) verändert, führt zu folgendem Rechengang zur Bestimmung der Resonanzfrequenz des Kugelresonators mit anisotroper Probe:

1. Die Feldverteilung $\vec{H}$, des idealen Kugelresonators mit eingebrachter isotroper, konzentrischer und kugelförmiger Probe wird in Gl.(III.62) als Probefeld eingesetzt. Unter Berücksichtigung des inversen Tensors nach Gl.(III.63) wird Gl.(III.62) für die Eigenfrequenz ausgewertet, indem die Integration über das Kugelvolumen numerisch durchgeführt wird.

2. Zur Auswertung der Integration nach Gl.(III.62) müssen die Feldverteilungen des Magnetfeldes, der dielektrische Tensor und das Differential dV in Kugelkoordinaten bekannt sein.

3. Der Integrationsbereich, das Kugelvolumen, ist in drei Bereiche aufgeteilt (Bild III.1). Für den Bereich I wird die Abhängigkeit der Feldverteilung von der Radial-Koordinate r durch die Zylinderfunktion erster Art halbzahliger Ordnung, für den Bereich II durch die Hankelfunktion erster und zweiter Art beschrieben. Im Bereich III existiert laut Voraussetzung

($\sigma_3 = \infty$) kein elektromagnetisches Feld. Aus den Bedingungsgleichungen für das Grenzschichtverhalten der elektrischen Feldstärke

$$E_\vartheta^{I}\Big|_{R_1} = E_\vartheta^{II}\Big|_{R_1} , \qquad E_\vartheta^{II}\Big|_{R_2} = 0 \qquad \text{(III.64)}$$

wird die Anpassung an den Bereichsgrenzen bestimmt.

Durch die Transformation auf Kugelkoordinaten, Bereichsaufteilung und Anpassung an den Grenzen wird der Ausdruck (III.62) für Felder, die von der Azimuthwinkelkoordinate φ unabhängig sind in

$$\omega_r^2 = c_o^2 \frac{\int_0^\pi \left[[a] + [b]\right] \sin\vartheta \, d\vartheta}{\int_0^\pi [n] \sin\vartheta \, d\vartheta} \qquad \text{(III.65)}$$

mit

$$[a] = \int_0^{R_1} (\text{rot } \vec{H}^{*I}) \overleftrightarrow{\varepsilon}^{-1} \cdot (\text{rot } \vec{H}^{I}) r^2 \, dr \quad ,$$

$$[b] = \int_{R_1}^{R_2} (\text{rot } \vec{H}^{*II}) \, \varepsilon_2^{-1} \cdot (\text{rot } \vec{H}^{II}) r^2 \, dr ,$$

$$[n] = \int_0^{R_1} \vec{H}^{*I} \cdot \vec{H}^{I} \cdot r^2 \, dr + \int_{R_1}^{R_2} \vec{H}^{*II} \cdot \vec{H}^{II} \cdot r^2 \, dr ,$$

übergeleitet ($c_o^2 = 1/\, \varepsilon_0 \mu_0$).
Gl.(III.65) ergibt in guter Näherung die Kreisresonanzfrequenz der Resonatoranordnung unter der Voraussetzung der leichten einachsigen Anisotropie, d.h. ($\Delta\varepsilon \ll \varepsilon$).

Diese Einschränkung muß gemacht werden, da eine starke Anisotropie von 20 und mehr Prozent die Feldverteilung erheblich verändert und somit der Ausdruck (III.62) oder (III.65) unter Verwendung des Magnetfeldes des isotropen Resonators als Probefeld nicht mehr genau genug ist. Diese Aussage kann anhand der Meßergebnisse für ein stark anisotropes Material überprüft werden.

IV. Experimentelle Bestimmung

IV.1 Die Versuchsmaterialien

Als Versuchsmaterialien wurden einkristalliner Quarz, Saphir und Calziumvanadat ausgewählt. Die Quarze und Saphire wurden käuflich erworben von der Firma ITT in Nürnber und dem Saphirwerk Nidau in der Schweiz und zusammen mit dem einkristallinen Calziumvanadat im Saphirwerk Nidau zu hochgenauen Kugeln geschliffen. Der Kristall Calziumvanadat stammt aus der Züchtung von Prof.Liebertz des Instituts für Kristallographie der Universität Köln und wurde freundlicherweise von Prof.Hauser, dem Direktor des Instituts zur Verfügung gestellt.

Der Quarz besitzt eine rhomboedrische Symmetrie; die SiO_4-Tetraeder sind schraubig angeordnet /21/. Quarz gehört zu den einachsigen Kristallen und ist piezoelektrisch. Als piezoelektrische Kristalle werden diejenigen Dielektrika bezeichnet, bei denen eine Längenänderung ohne angelegtes elektrisches Feld zu einer Polarisationsänderung führt. Voraussetzung für die Piezoelektrizität ist, daß das Kristallgitter kein Symmetriezentrum besitzt. Das Fehlen der Zentralsymmetrie beruht auf dem Gittertypus, in dem der Quarz unabhängig von seiner Polarisierbarkeit kristallisiert. Piezoelektrizität, d.h. die lineare Abhängigkeit der Polarisation von der Deformation ist an polare Eigenschaften von Kristallen gebunden. Bild IV.1 ist das Modell der Ionenanordnung von Lord Kelvin, das bereits wichtige Symmetrieeigenschaften des Quarzkristalls enthält. Mit seiner Hilfe kann die Piezoelektrizität erklärt werden.

Bei der Diskussion der Frequenzabhängigkeit des Dielektrizitätstensors wird zwischen der geklemmten Dielektrizitätszahl, der Dielektrizitätszahl bei konstanter Deformation und der freien Dielektrizitätszahl, d.h. der Dielektrizitätszahl, bei der der Spannungstensor Null ist, unterschieden. Bei der mechanischen Eigenschwingfrequenz des Körpers (Grundschwingfrequenz je nach Körperabmessungen und Elektrodenanordnung 10^3 Hz bis 10^7 Hz) wird wegen der elektro-

mechanischen Kopplung eine scheinbare Dispersion des Dielektrizitätstensors beobachtet. Bei größeren Frequenzen kann die Deformation der Feldstärke nicht mehr folgen und das Material verhält sich auch ohne äußere Kräfte wie im geklemmten Zustand. Oberhalb der mechanischen Eigenschwingfrequenz wird also nur noch ein von der mechanischen Belastung unabhängiger Dielektrizitätstensor beobachtet, der mit dem Dielektrizitätstensor im geklemmten Zustand bei kleinen Frequenzen übereinstimmt /20/.
Die Kristallachse ε_3 (optische Achse $\varepsilon_{\parallel}$) bleibt von dieser Frequenzabhängigkeit unberührt /19/. Erst für Frequenzen oberhalb 500 GHz macht sich eine Frequenzabhängigkeit bemerkbar, die auf atomare Mechanismen zurückzuführen ist /22/.

Synthetischer Saphir oder auch α-Korund(α-Al_2O_3) ist ein sehr harter, diamantartiger Festkörper. Die O^{2-}-Ionen bilden im Korundgitter eine hexagonal dichteste Kugelpackung und die Al^{3+}-Ionen nehmen die tetraedrischen Hohlräume ein. Saphir ist ein einachsiger Kristall mit /23/

$\varepsilon = \varepsilon_{\perp}$	$\varepsilon = \varepsilon_{\parallel}$	Frequenz f/Hz
8,6	10,55	$10^2 \ldots\ldots 10^{10}$

Der Verlustwinkel $\tan\delta$ schwankt von 0.0001 bis 0.0014 über dem Frequenzbereich /24/.

Calziumvanadat $Ca_3(VO_4)_2$ ist ein Einkristall mit einem trigonalen Gitteraufbau und ist wie der Quarz piezoelektrisch, jedoch ist die Anisotropie der Dielektrizitätszahlen $\varepsilon_{\parallel} < \varepsilon_{\perp}$ unterschiedlich zum Quarz ($\varepsilon_{\parallel} > \varepsilon_{\perp}$).
Die Dielektrizitätskonstanten wurden zu

$\varepsilon = \varepsilon_{\perp}$	$\varepsilon = \varepsilon_{\parallel}$	f / Temp.
16,2	10,67	10 MHz / 293 K

gemessen /25/.
Dieser Kristall wurde gewählt, da er eine starke dielektrische Anisotropie besitzt und gute mechanische Verarbeitungseigenschaften hat.

IV.2. Versuchsaufbau und Meßvorgang

Es wurden zwei Versuchsaufbauten zur Aufnahme der Resonanzkurven und deren Auswertung realisiert.

1. Manuelle Bestimmung der Resonanzfrequenz und der Resonatorbandbreite (Bild IV.2).
2. Automatische Bestimmung der charakteristischen Resonanzkurvenpunkte(Bild IV.3).

Bei der manuellen Bestimmung der Resonatorkenngrößen (Bild IV.) wird ein Wobbelsender (1) zur Darstellung der Resonanzkurve und deren Aufspaltung in zwei oder drei Resonanzkurven auf dem Oszillographenschirm (10) benutzt. Die anisotrope dielektrische Probekugel liegt in einer durch eine Styroporhalterung zentrischen, sonst aber beliebigen bezüglich ihrer Anisotropieachsenlage zufälligen Lage innerhalb der Hohlkugel (Bild IV.4). Mit großer Wahrscheinlichkeit wird sie so orientiert sein, daß auf dem Oszillographenschirm eine Aufspaltung der Resonanzkurve in zwei Resonanzkurven unterschiedlicher Größe zu sehen ist. Der anisotrope Probekörper muß nun so lange gedreht werden, bis auf dem Oszillographenschirm nur noch eine Resonanzkurve zu sehen ist. Dies bedeutet, daß die anisotrope optische Achse, die ε_{zz}-Achse des Kristalls nach Bild III.2 parallel zur Symmetrieachse des E_{110}-Schwingungstypes liegt, denn nur in dieser Stellung ist der E_{110}-Schwingungstyp existenzfähig, wie die Theorie in Kapitel III zeigt. Das Öffnen der Hohlkugel, Verdrehen der in der Styroporhalterung zentrisch gelagerten Probekugel und Verschließen der Hohlkugel wird mit Hilfe der Unterdruckapparatur (5), (6) und (7) (Bild IV.2) erheblich beschleunigt. Außerdem sorgt der konstant zu haltende Unterdruck immer für den gleichen Andruck der beiden Kugelhalbschalen, sodaß die Wandstromverluste konstant und damit die Resonanzkurvendarstellung wiedergabegetreu gehalten werden kann. Gelingt es auf diese Weise die Aufspaltung zum Verschwinden zu bringen, so wird im nächsten Arbeitsgang diese eine für eine bestimmte Stellung der anisotropen Kugel im Feld charak-

teristische Resonanzkurve ausgewertet. Dafür wird der Mikrowellensynthesizer an den Meßkreis angeschaltet. Mit der genau einstellbaren Frequenz werden die drei charakteristischen Punkte (Frequenzpunkte der Resonanzkurve) bestimmt. Mit dieser Methode kann z.B. die Resonanzfrequenz (das Maximum der Resonanzkurve) mit großer Genauigkeit (Fehler 0.1%) bestimmt werden.
Da diese Methode wegen des Einsatzes eines Synthesizers kostspielig ist, wurde eine zweiter Versuchsaufbau (Bild IV.2) und (Bild IV.3) realisiert. Die Auswertung der Resonanzkurve erfolgt mit Hilfe einer Elektronik, die das Signal, das über den Resonator übertragen wird, an den charakteristischen Frequenzpunkten in Rechtecksignale übersetzt, deren Flankenabstände die Information über die Resonanzfrequenz und die Bandbreite enthalten[1)].
Dem Meßvorgang vorausgegangen ist wie bei der manuellen Bestimmung das Aufsuchen der aufspaltungsfreien Lage der anisotropen Probekugel.

Die Styroporhalterung, die die Probekugel konzentrisch innerhalb des Kugelresonators hält (Bild IV.4 und IV.5), besteht aus zwei Kugelschalenhälften, die in einer vorgefertigten Messingform hergestellt werden. Dazu wird ein Styroporgranulat in kochendem Wasser etwa 10 Minuten lang gekocht. Dabei dehnt sich das Treibgas in den Granulatkügelchen und damit der Kunststoff irreversibel aus. Nach diesem Vorgang werden die Styroporkugeln etwa 24 Stunden getrocknet. Während dieser Zeit diffundiert Luft durch die Außenhaut in die Styroporkugeln. Die so vorbearbeitete Substanz wird in die vorgefertigte Form gegeben, so daß

[1)] Die Elektronik-Einheit (Prozessor) (Bild IV.4) wurde nach Anleitung (Masken für die Platine und Beschreibung) des Herrn Zurcher Hochschule Lausanne, Chaire d'électromagnétisme et d'hyperfréquences im Institut für Allgemeine und Theoretische Elektrotechnik gebaut. Ihre prinzipielle Funktion ist ausführlich in "Atomic Monitor for Microwave Resonators" von M. Ney und F.E. Gardiol /15/ beschrieben ist.

diese möglichst ausgefüllt ist. Anschließend wird die Form verschlossen und zusammen mit dem Inhalt nochmal für etwa eine Stunde in kochendem Wasser erhitzt. Bei diesem abermaligen Erwärmungsvorgang dehnen sich die Styroporkugeln erneut aus und nehmen die durch die Form gegebene Kugelgestalt an. Die zur Herstellung der Halterung verwendeten einzelnen Styroporkugeln haben ein unterschiedliches Volumen, so daß sich innerhalb der Kugelschale ein Masse-Konzentrationsgradient einstellt. Dies führt dazu, daß die Symmetrie des Meßresonators aufgehoben wird und daß der Resonator ohne eingebrachte Probekugel bereits eine Aufspaltung der Eigenfrequenz zeigt. Diese Tatsache kann vermieden werden, wenn die Gesamtmasse der Styroporhalterung klein gehalten wird. Eine Halterung mit einer Dichte ρ =4,33g/cm³ zeigt eine deutliche Aufspaltung der Resonanzfrequenz. Die Dielektrizitätszahl des entsprechenden Einsatzes wurde zu ε_{II}= 1,1053 gemessen. Eine Styroporhalterung, die nur mit einer Dichte ρ = 1,65 g/cm³ hergestellt wurde, weist dagegen keine meßbare Aufspaltung der Resonanzfrequenz des Resonators mehr auf, ein Zeichen dafür, daß eine weitgehend homogene Verteilung des Styropormaterials erreicht wurde. Wie aus Bild IV.4 erkannt werden kann, sind die einzelnen Styroporkugeln in den endgültig verwendeten Halterungen relativ groß, so daß es zunächst so aussieht, als ob die Anpassung der Halterung an die Kugelform des Resonators nicht mehr gewährleistet ist. Genauere Untersuchungen zeigen aber, daß diese Halterung in der Lage ist, die dielektrischen Probekugel sehr symmetrisch zu lagern, und zwar so, daß es zu keiner Aufspaltung der Resonanzfrequenz kommt.
Der Grund dafür, daß Styropor für die Herstellung der Symmetriehalterung gewählt wurde, liegt in der Tatsache, daß alle schäumbaren Kunststoffe an den Oberflächen einen Konzentrationsgradienten aufweisen. Ein solcher Konzentrationsgradient würde entsprechend dem Herstellungsverfahren für die Halbkugel-Symmetrierschalen bedeuten, daß sowohl auf der Halbkugeloberfläche als auch auf der

ebenen Fläche der Halbkugelschale ein entsprechender Konzentrationsgradient im Material auftreten würde. Dies hätte zur Folge, daß mit den so hergestellten Halterungen eine Aufhebung der Symmetrieeigenschaften des Resonators erzeugt würde. Dieser entsprechende Nachteil tritt bei der Verwendung des Materials Styropor nicht auf. Der Nachteil in der Verwendung des Styropormaterials liegt allerdings in der unterschiedlichen Größe der Styroporkugeln, die zu einer unterschiedlichen Konzentration des Materials in der Halterung führen. Diese Schwierigkeit kann dadurch umgangen werden, daß vor Beginn des Herstellungsprozesses für die Halterung nur Kugeln mit einem Durchmesser innerhalb einer bestimmten Toleranzgrenze ausgewählt werden.

Der Meßvorgang besteht aus drei Meßzyklen. Im 1. Zyklus werden der Radius R_2 und die Wandleitfähigkeit σ_3, im 2. Zyklus die Dielektrizitätskonstante der Styroporhalterung und im 3. Zyklus schließlich die anisotrope Dielektrizitätszahl ε_3 gemessen. Für die beiden ersten Zyklen wird die Eigenwertgleichung für eine isotrope Resonatoranordnung benötigt. Sie lautet nach /16//17/:

$$F(x) = f(x)/g(x) - e(x)/h(x) \qquad \text{(IV.1)}$$

mit den Funktionen:

$$f(x) = J_{n+1/2}(x_1) \quad x_{21}H^{(2)}_{n-1/2}(x_{21}) - n\, H^{(2)}_{n+1/2}(x_{21})$$
$$- C_1\, H^{(2)}_{n+1/2}(x_{21}) \quad x_1\, J_{n-1/2}(x_1) - n\, J_{n+1/2}(x_1)\ , \qquad \text{(IV.2)}$$

$$g(x) = J_{n+1/2}(x_1) \quad x_{21}H^{(1)}_{n-1/2}(x_{21}) - n\, H^{(1)}_{n+1/2}(x_{21})$$
$$-C_1\, H^{(1)}_{n+1/2}(x_{21}) \quad x_1\, J_{n-1/2}(x_1) - n\, J_{n+1/2}(x_1) \qquad \text{(IV.3)}$$

$$e(x) = H^{(2)}_{n+1/2}(x_2) \quad x_{32}H^{(2)}_{n-1/2}(x_{32}) - n\, H^{(2)}_{n+1/2}(x_{32})$$

$$- C_2\, H^{(2)}_{n+1/2}(x_{32}) \quad x_2\, H^{(2)}_{n-1/2}(x_2) - n\, H^{(2)}_{n+1/2}(x_2) \quad , \qquad \text{(IV.4)}$$

$$h(x) = H^{(1)}_{n+1/2}(x_2) \quad x_{32}H^{(2)}_{n-1/2}(x_{32}) - n\, H^{(2)}_{n+1/2}(x_{32})$$

$$- C_2\, H^{(2)}_{n+1/2}(x_{32}) \quad x_2\, H^{(1)}_{n-1/2}(x_2) - n\, H^{(1)}_{n+1/2}(x_2) \quad . \qquad \text{(IV.5)}$$

Die Funktion $J_{n\pm1/2}$, $H^{(1)}_{n\pm1/2}$ und $H^{(2)}_{n\pm1/2}$ sind in Kapitel III definiert. Die Argumente x_1, x_2, x_{21} und x_{32} werden folgendermaßen geschrieben:

$$\begin{aligned} x_1 &= k_1R_1 = \omega/c_0\sqrt{\mu_1(\varepsilon_I - j\sigma_1/\varepsilon_0/\omega)}\cdot R_1 \ , \\ x_2 &= k_2R_2 = \omega/c_0\sqrt{\mu_2(\varepsilon_{II} - j\sigma_2/\varepsilon_0/\omega)}\cdot R_2, \\ x_{21} &= k_2R_1 = \omega/c_0\sqrt{\mu_2(\varepsilon_{II} - j\sigma_2/\varepsilon_0/\omega)}\cdot R_1, \\ x_{32} &= k_3R_2 = \omega/c_0\sqrt{\mu_3(\varepsilon_{III} - j\sigma_3/\varepsilon_0/\omega)}\cdot R_2 \ . \end{aligned} \qquad \text{(IV.6)}$$

Sie kennzeichnen die drei unterschiedlichen Bereiche des Resonators und beinhalten die geometrischen Abmessungen und die Materialparameter des Resonators sowie die komplexe Frequenz, $\omega = \omega' + j\,\omega''$. $\varepsilon_i = \varepsilon'_i - j\,\varepsilon''_i$ sind ebenfalls komplexe Größen. Die Größe ω'' ist ein Maß für das zeitliche Abklingen der Felder und die Größe ε'' ein Maß für die dielektrischen Verluste. Die Wandstromverluste werden in der Gleichung (IV.6) durch den Term $\sigma_i/\omega/\varepsilon_0$ berücksichtigt. In Gl. (IV.6) können die Materialparameter $\mu_1=\mu_2=\mu_3=1$ und $\varepsilon_I = \varepsilon_{III}=1$ als bekannt vorausgesetzt werden. Weiterhin können die Größen σ_1 und σ_2 zu Null gesetzt werden, da die Leitfähigkeiten der Bereiche I und II in der Resonatoranordnung verschwindend klein sind und somit einen vernachlässigbaren Einfluß auf das Resonanzverhalten des Resonators haben. Der Innenradius R_2 der Hohlkugel ist mechanisch meßbar, jedoch bewirken die Ankoppelelemente im Resonator bezüglich des elektromagnetischen Feldes eine Verkleinerung des Radius R_2. Dies bedeutet, daß für R_2 ein noch zu bestimmender effektiver Wert $R_{2\ eff}$ eingesetzt werden muß, der der Einfachheit halber wieder R_2 genannt wird. Wird nun berücksichtigt, daß durch die Messung der Frequenz f und der Güte Q die Größen:

$$\omega' = (2\pi f)/c_o \quad , \quad \omega'' = 1/2\ \omega'/Q \qquad \text{(IV.7)}$$

und damit die komplexe Frequenz $\omega = \omega' + j\omega''$ ermittelt werden können, so sind in der Gl. (IV.1) lediglich die Größen ε_{II}, σ_3 und $R_{2\ eff}$ unbekannt.

1. Die Resonanzfrequenz f_o und die Güte Q_o des unbelasteten Kugelresonators (Bild III.1a) werden gemessen und damit die Größen ω' und ω'' bestimmt. Da für diese Anordnung $\varepsilon_I = \varepsilon_{II} = 1$ gilt, reduziert sich die Eigenwertgleichung Gl. (IV.1) auf die Form:

   $$F(\sigma_3, R_2) = 0 \ . \qquad \text{(IV.8)}$$

   Die Lösungen dieser Eigenwertgleichung liefern die unbekannten Größen σ_3 und R_2.

2. Der Kugelresonator wird mit Styropor belastet (Bild III.1b) und die Resonanzfrequenz f_1 und die Güte Q_1 der Anordnung gemessen und zusammen mit den bereits ermittelten Größen σ_3 und R_2 in die Eigenwertgleichung Gl. (IV.1) eingesetzt:

   $$F(\varepsilon_{II}) = 0 \ . \qquad \text{(IV.9)}$$

   Aus der Lösung dieser Eigenwertgleichung kann die unbekannte Größe ε_{II} bestimmt werden.

IV.3 Versuchsergebnisse

Die Bestimmung des effektiven Radius R_2 und der Wandleitfähigkeit σ_3, der Dielektrizitätszahl der Styroporhalterung und schließlich der Dielektrizitätszahl ε_3 erfolgt, wie in Kapitel IV.2 dargestellt in 3 Meßzyklen.

Ergebnis des 1. Zyklus:

Gemessene Resonanzfrequenz und Güte des leeren Resonators		Errechneter effektiver Radius und Leitfähigkeit	
f_0/GHz	Q_0	R_2/cm	$\sigma_3/\frac{m}{mm^2\Omega}\cdot 10^3$
5,21463	5640	2,51026686	4544
5,21385	6650	2,51068584	6317
5,21430	6518	2,51044127	6069

Ergebnis des 2. Zyklus:

Gemessene Resonanzfrequenz und Güte des mit Styropor belasteten Resonators		R_1 der Halterg.	Errechnete DZ der Styroporhalterung
f_1/GHz	Q_1		ε_{II}
5,11000	5209	0,5	1,043 - j 0,000014
5,11227	5200	0,95	1,048 - j 0,00005

Ergebnis des 3. Zyklus:

	Gemessene Resonanzfr. und Güte des belasteten Resonators		Radius der Kugel	Literatur	Errechnet
	f_2/GHz	Q_2	R_1/cm	$\varepsilon_1 = \varepsilon_\perp$	$\varepsilon_3 = \varepsilon_\parallel$
Saphir	4,91924	-	0,5	8,6	10,542
Quarz	4,97734	-	0,5	4,43	4,5852
	4,41958	-	0,95	4,43	4,5853
Calziumv.	4,96317	-	0,4	16,2	9,8765

Die Werte für Calziumvanadat wurden aus /25/ entnommen und bei einer Frequenz von 10 MHz ermittelt. Aus der Gegenüberstellung der ermittelten Ergebnisse für ε_3 von Quarz und Saphir mit Literaturwerten folgt die Diskussion über die Meßgenauigkeit der verwendeten Kugelresonatormethode.

Mat.	Literatur	gemessene Frequenz	$\varepsilon_\perp = \varepsilon_1$	$\varepsilon_\parallel = \varepsilon_3$
Quarz	Fontanella et al. (1974) /30/	1 kHz	4,4348 ± 0,002	4,6368 ± 0,001
	Bottom (1972) /35/	1 kHz	4,42 ± 0,01	4,60 ± 0,01
	Lowenstein et al (1973) /31/	infrarot	4,46 ± 0,004	4,635 ± 0,004
	Russel Bell (1967) /32/	infrarot	4,436 ± 0,004	4,639 ± 0,004
	Roberts a. Coon (1962) /33/	infrarot	4,418 ± 0,004	4,635 ± 0,01
	Demau (1963) /34/	10 GHz	4,41	4,6
	Jones R.G. (1975) /19/	35 GHz	4,43 ± 0,004	4,633 ± 0,004
	ältere Messungen /29/			
	J.Curie (1889)	50 Hz	4,40	4,55
	H.Starke (1897)	50 Hz	4,75	4,98
	R.Fellinger (1902)	50 Hz	4,60	5,06
	W.Schmidt (1902)	50 Hz	4,25	4,60
	R.B.Sosman (1927)	50 Hz	4,41	4,6
	Doborzynski (1937)	50 Hz	4,46	4,66
	G.Ramachandran W.A.Wooster (1949)	50 Hz	4,49	4,7
	N. Rao (1949)	50 Hz	4,36	4,6
	R.Bechmann (1958)	50 Hz	4,43	4,64

Mat.	Literatur	gemessene Frequenz	$\varepsilon_\perp = \varepsilon_1$	$\varepsilon_\parallel = \varepsilon_3$
Quarz	R.Bechman (1958)	50 Hz	4,43	4,64
Quarz	C.A.Adams (1961)	50 Hz	4,49	4,71
Quarz	V.G.Zubov A.P.Grishina	50 Hz	4,42 $\pm$ 0,01	4,62 $\pm$ 0,01
Quarz	Diese Arbeit	4,97734 GHz 4,41958 GHz	4,43 [1]	4,5852 4,5853
Saphir	Navias,L.J. (1954) /23/	$10^2 \ldots 10^{10}$ Hz	8,6	10,55
Saphir	Diese Arbeit	4,91924 GHz	8,6 [2]	10,543

Tabelle IV.1: Gemessene Werte von ε_1 und ε_3 für Quarz.

Die Werte $\varepsilon_\perp$ für Quarz der älteren Messung wurden nach der empirischen Formel von Fontanella et al. (1974) /30/

$$\varepsilon_{geklemmt} = \varepsilon_{frei} - 0,086$$

berichtigt. Es zeigt sich eine gute Übereinstimmung mit den Werten $\varepsilon_\perp$ aus der neueren Literatur.

Während für Saphir die Literaturwerte mit den in dieser Arbeit ermittelten Werte eine gute Übereinstimmung aufweisen, liegen die Werte für Quarz etwas tiefer als die von Bottom und Demau angegebenen Werte. Der Grund dafür liegt in der Bearbeitungsgenauigkeit der anisotropen Kugeln, der Genauigkeit, mit der ε_{II} der Styroporhalterung bestimmt wird und in der Handhabung des Messverfahrens (Verschrauben der Hohlkugel). Die Saphirkugel war ein Standardartikel der Firma Saphirwerke Nidau und wies neben einer polierten Oberfläche eine Maßgenauigkeit in der

---

[1] Errechnet aus der zweiten Resonanzfrequenz (vgl.Bild IV.6).

[2] Aus der Literatur entnommen /23/.

Rundheit von besser als 0,005 mm auf, d.h. $R_1=(0,5 \pm 0,0005)$ cm. Das Schleifverfahren, das die Saphirwerke Nidau für synthetischen Saphir anwenden bedingt das gleichzeitige Schleifen von vielen Kristallkugeln möglichst der gleichen Art, wie z.B. Saphir. Die von der Firma ITT aus Nürnberg erworbenen Quarze mußten zusammen mit ähnlich harten Keramikrohlingen geschliffen werden. Dadurch konnte der erforderliche Durchmesser nicht genau eingehalten werden. Die Keramikkugeln waren entweder zu hart oder zu weich, der Quarz wurde in beiden Fällen zu unregelmäßig abgeschliffen. Der Radius der großen Kugel beträgt $R_1= (0,95 \pm 0,01)$ cm und der kleinen Kugel $R_1 = (0,505 \pm 0,01)$ cm. Außerdem waren die Quarzkugeln nicht poliert. Diese beiden Umstände müssen bei der Beurteilung der Messabweichung für $\varepsilon_3 = \varepsilon_{||}$ von 0,3 % bis 1,0 % vom Literaturwert berücksichtigt werden, da die Abweichung im Vergleich zum Saphir deutlich hervortritt und zwangsläufig auf diese Unrundheit der beiden Quarzkugeln zurückzuführen ist. Für die Bestimmung der Dielektrizitätszahl ε_3 anisotroper Materialien ist die Kenntnis des Radius der zu messenden Kugel mit einer Genauigkeit von besser als 0,1% erforderlich. Bei den vorbereitenden Messungen für den Hohlkugelradius R_2 und der Dielektrizitätszahl des Styropors sind die in den Tabellen angegebenen Genauigkeiten erforderlich. Die Dielektrizitätszahl der Styroporhalterung muß auf 0,01 % genau bestimmt werden. Besonders bei kleinen Dielektrizitätszahlen der Messkugel wie z.B. der Quarzkugel $R_1 = 0,5$ cm bewirkt eine Änderung von 0,1 % in der Dielektrizitätszahl der Styroporhalterung eine Änderung von rd. 2 % der Dielektrizitätszahl der Messkugel. Der Andruck der beiden Kugelhälften ist für alle Messungen unbedingt konstant zu halten, da sonst unterschiedliche Resonanzfrequenzen im 1. Zyklus gemessen werden und damit für die Nachfolgemessungen Fehler von 0,02 % für den Radius R_2 entstehen können. Dieser Fehler beeinflußt die Dielektrizitätszahl ε_{II} der Styroporhalterung und ist somit als Folgefehler eine zusätzliche Fehlerquelle.

Durch sorgfältige Handhabung der Meßapparatur können diese Fehler minimisiert werden.
Die Meßfrequenz muß, wenn der Fehler bei der Messung der Dielektrizitätszahlen kleiner als 1% sein soll, bis auf 10 kHz (bei ca. 5 GHz Resonanzfrequenz des Meßresonators) genau bestimmt werden. Dies ist durch den verwendeten Frequenzsynthesizer möglich.

Die Meßergebnisse für das Material Calziumvanadat (vgl. S.34 und S.26) zeigen auffallende Abweichungen gegenüber den in der Literatur angegebenen Werten. Hierzu muß festgestellt werden, daß erstens das Material stark anisotrop ist, so daß möglicherweise die durch das Näherungsauswerteverfahren vorgegebenen Grenzen verletzt werden, und daß zweitens die in der Literatur angegebenen Werte der Dielektrizitätszahlen für Calziumvanadat bei einer Frequenz von 10 MHz gemessen wurden. Für höhere Frequenzen sind aus der Literatur bisher keine Meßergebnisse für den Dielektrizitätstensor bekannt.

IV.4. Kugelresonator als Meßmethode

Die Bestimmung der Dielektrizitätszahl $\varepsilon_{\parallel} = \varepsilon_3$ und $\varepsilon_{\perp} = \varepsilon_1$ von einachsigen Kristallen oder polymorphen Kunststoffen, die sich wie einachsige Kristalle verhalten, kann prinzipiell in einem Kugelresonator (Bild IV.4) erfolgen. Die elektrische Ankoppelelemente, wie sie in Bild IV.5 zu erkennen sind, regen im Resonator den E_{n10}-Schwingungstyp an, wenn die ε_3-Achse parallel zur Symmetrieachse des Feldtyps liegt (vgl.Bild III.2). Die Symmetrieachse muß nicht die z-Achse sein. Wie das Experiment zeigt, führen alle Lagen der Kristallachse ε_3, die in der zy-Ebene (Bild III.2) liegen, zu keiner Veränderung der Resonanzkurve. Daraus kann geschlossen werden, daß mit Drehung des kristalleigenen Koordinatensystems in der zy-Ebene sich die Symmetrieachse und damit der E_{110}-Schwingungstyp mit der ε_3-Achse dreht.Daraus und aus der in dem Zusammenhang in Kapitel III erläuterten Theorie in Gl. (III.30) folgt, daß das elektrische Feld $\vec{E}$ des E_{110}-Typs und damit auch das dieses Feld beschreibende Randwertproblem Gl.(III.39) die beiden Kristallrichtungen ε_1, ε_3 enthält. Zur eindeutigen Lösung des Randwertproblems Gl. (III.39) ist neben der gemessenen Resonanzfrequenz ω die Kenntnis der Dielektrizitätskonstanten ε_1 notwendig. Diese gewinnt man über das Randwertproblem, das aus dem H_{110}-Schwingungstyp Gl.(III.27) bis (III.29) zu formulieren ist. Die Resonanzfrequenz dieses Typs ist etwa doppelt so groß wie die des E_{110}-Typs, wenn ε_3 nicht viel größer oder kleiner als ε_1 ist. Handelt es sich bei dem zu untersuchenden Kristall um einen stark frequenzabhängigen Kristall, d.h. $\overset{\leftrightarrow}{\varepsilon}$ ist eine starke Funktion von ω, so muß ε_1 mit dem H_{110}-Typ im Frequenzbereich des E_{110}-Typs bestimmt werden. D.h. die Resonanzfrequenz des H_{110}-Typs ist durch Änderung der geometrischen Parameter so zu bestimmen, daß sie in den Frequenzbereich des E_{110}-Typs fällt, in dem $\overset{\leftrightarrow}{\varepsilon}$ in etwa frequenzunabhängig ist. Dies geschieht zweckmäßigerweise durch Änderung des Kristallkugelradius R_1. Zur meßtechnischen Bestimmung der Resonanzfrequenz des H_{110}-Typs muß dann noch eine magnetische Ankopplung gewählt werden. Dieses Verfahren zur Bestimmung von ε_1 entfällt natürlich bei frequenzunabhängigen Materialien (Mikrowellenbereich) wie Quarz und Saphir. Bei diesen Materialien kann die gleiche Kugel im gleichen Resonator wie bei der ε_3-Bestimmung benutzt werden. Nur die Ankopplung geschieht magnetisch. Die meßtechnische Bestimmung von ε_1 ist in diesem Forschungsvorhaben nicht durchgeführt worden, da dies prinzipiell keine Schwierigkeiten bereitet und der Schwerpunkt dieser Forschung auf der Bestimmung der anisotropen ε_3-Achse liegt. Quarz und Saphir ist schon oft und in neuester Zeit auch genau gemessen worden /19/, so daß für ε_1 auf die Literatur zurückgegriffen werden kann.

Die hier beschriebene Methode zur Bestimmung des Dielektrizitätstensors einachsiger Materialien kommt ohne jegliche Hilfsmessung aus, da die Kugelsymmetrie und die im Kugelresonator angeregten Felder eine Trennung in der Bestimmung der beiden Kristallachsen ε_1, ε_3 erlauben. Bei allen anderen Geometrien, insbesondere bei der Zylindersymmetrie ist die Kenntnis der Richtung der anisotropen (optischen) Kristallachse ε_3 notwendig. Diese wird in einer Hilfsmessung durch Röntgenbeugung bestimmt. /27/. Eine ältere Methode besteht darin, Kristall und Kristallpulver zu messen und mit Hilfe der Formel

$$\varepsilon_m = \frac{2\varepsilon_\perp + \varepsilon_\parallel}{3}$$

(ε_m= Dielektrizitätszahl des Kristallpulvers, $\varepsilon_\perp$, $\varepsilon_\parallel$ = Dielektrizitätszahl des Kristalls) entweder $\varepsilon_\perp$ oder $\varepsilon_\parallel$ zu bestimmen /28/.

V. Zusammenfassung

Mit Hilfe kugelförmiger Hohlraumresonatoren werden im Mikrowellenbereich die Dielektrizitätszahlen einachsig anisotroper dielektrischer Materialien bestimmt. Dabei wird von der dreifach entarteten Grundschwingung des Kugelresonators Gebrauch gemacht. Die Entartung wird aufgehoben, wenn eine einachsig anisotrope Probekugel so im Resonator zentrisch gelagert wird, daß die zur Dielektrizitätszahl ε_3 parallele Anisotropieachse nicht mit der Symmetrieachse des E_{110}-Schwingungstyps zusammenfällt. Durch Hineindrehen der ε_3-Aachse in die Symmetrieachse wird die aufgehobene Entartung wieder hergestellt. Die unter diesen Bedingungen gemessene Resonanzfrequenz führt über die in Kapitel III.1 und Kapitel III.2 abgeleiteten Theorien zu den Dielektrizitätszahlen der einachsig anisotropen Materialien. In einer Transmissionsschaltung werden die einachsig anisotropen Materialien Quarz, Saphir und Calziumvanadat ausgemessen. Die Werte für Saphir zeigen eine gute Übereinstimmung mit aus der Literatur entnommenen Meßwerten. Die leichten Abweichungen der gemessenen Dielektrizitätszahlen des Materials Quarz gegenüber den in der Literatur angegebenen Werten können auf Bearbeitungsungenauigkeiten der Kugeln zurückgeführt werden. Die relativ starke Abweichung der Meßwerte für Calziumvanadat gegenüber Literaturwerten ist darauf zurückzuführen, daß die Vergleichswerte in der Literatur bei einer Frequenz von 10 MHz gemessen wurden, während in dieser Arbeit die Messungen bei einer Frequenz von ca. 5 GHz durchgeführt wurden.

Die beschriebene Methode, den Dielektrizitätstensor einachsig anisotroper Materialien im Mikrowellenbereich mit Hilfe von kugelförmigen Hohlraumresonatoren zu bestimmen, kommt ohne die vorherige Kenntnis der Lage der Anisotropieachsen des Materials aus. Dies ist ein erheblicher Vorteil des Meßverfahrens gegenüber anderen Verfahren.

VI Literatur

/ 1/ Born, M., Optik Springer-Verlag, 1972

/ 2/ Affolter, P , Alfred Küch, Einfluß der Materialstruktur bei ein- und polykristallinen dielektrischen Kugeln auf das Resonanzverhalten im Frequenzbereich von 7-12 GHz.
Firmeninterner Bericht der Firma AG Brown Boveri&Cie, Baden (Schweiz), Abteilung ZLP.

/ 3/ Luoma, E.J., Anisotropy in Dielectric Materials. Information der Firma Emerson & Cuming, Inc., Microwave Products Division.

/ 4/ Hellwege, K.H, Einführung in die Festkörperphysik I. Springer-Verlag, Berlin 1968.

/ 5/ Goubau, G., Elektromagnetische Wellenleiter und Hohlräume. Wissenschaftliche Verlagsgesellschaft M.b.H. Stuttgart, 1955.

/ 6/ Wolff, I., Dreischichtenresonator. Interner Bericht, Fachgebiet ATE, Universität Duisburg 1977.

/ 7/ Unger, H.-G., Elektromagnetische Wellen II. Friedr.Vieweg & Sohn, 1967.

/ 8/ Wolff, I., Felder und Wellen in gyrotropen Mikrowellenstrukturen. Friedr.Vieweg & Sohn, Braunschweig, 1973.

/ 9/ Harrington, R.F., Time-Harmonic Electromagnetic Fields. McGraw-Hill, New York 1961.

/10/ Berg, A.D., Variational Principles for Electromagnetic Resonators and Waveguides. IRE, Trans MTT, April 1956 104-115.

/11/ Hildebrand, F.B., Methods of Applied Mathematics. Prentice-Hall, Inc. Englewood Cliffs, New Jersey, 1965.

/12/ Collarz, L., Eigenwertaufgaben mit Technischen Anwendungen. Akademische Verlagsgesellschaft, Leipzig 1963.

/13/ Morse, P.M., Feshbach,H., Methods of Theoretical Physics. McGraw-Hill New York 1953.

/14/ Nikol'skii, V.V., An investigation of Hollow-typ systems with anisotropic regions by the method of characteristic functions. Radiotechnika i elektronika, 5, No.11, 1802-1810, 1960.

/15/ Ney, N., Gardiol, F.E., Automatic Monitor for Microwave Resonators. IEEE, Trans. IM, IM-26, No.1, March 1977.

/16/ Wolff, I., Hofmann, H., Das Dreischichten-Kugelproblem. FREQUENZ 27 (1973) 5, 110-119.

/17/ Wolff, I., Über die Anwendung dynamischer Schwingungstypen in Ferritresonatoren zur Materialuntersuchung im Millimeterwellengebiet. Dissertation Technische Hochschule Aachen, 1967.

/18/ Cady, W.G., Piezoelectricity, New York: Dover, 1964.

/19/ Jones, R.G., The measurement of dielectric anisotropy using a microwave open resonator. J.Phys.D:Appl.Phys., Vol.9, 1976.

/20/ Feldkeller, E., Dielektrische und magnetische Materialeigenschaften I-II. B.I. Wissenschaftsverlag, 1973.

/21/ Christen, H.R., Grundlagen der allgemeinen und anorganischen Chemie. Salle Verlag, Frankfurt am Main, 1969.

/22/ Liebisch, Th., Rubens, H., Über die optischen Eigenschaften einiger Kristalle im langwelligen ultraroten Spektrum. Berliner Sitzungsberichte, Erste Mitteilung 1919, Dritte Mitteilung 1921.

/23/ Navias, L.J., Am.Cer.Soc.37, 1954,329.

/24/ von Hippel, A.R., Dielectric materials and applications. The M.I.T. PRESS, 1954.

/25/ Haussühl, S., Liebertz, J., Elastic, thermoelastic, piezoelectric linear electrooptic, dielectric and pyroelectric properties of trigonal $Ca_3(VO_4)_2$ single crystals. Zeitschrift für Kristallographie, Bd. 148, S. 87-93, 1978.

/26/ van Heuven, J.J.C., Vlek, T.H.A.M., Anisotropy in aluminia substrates for microstrip circuits. IEEE Trans. MTT, Nov. 1972, 775-777.

/27/ Morin, G., Nachmann, M., A New Method for Measuring Anisotropy at Microwave Frequencies. IEEE Trans. IM, IM-28, No.3, Sept.1979, 198-204.

/28/ Schmidt, W., Bestimmung der Dielektrizitätskonstanten von Kristallen mit elektrischen Wellen. Ann.d.Phys 11 Jan.1903, 114-126.

/29/ Dreyer, W., Materialverhalten anisotroper Festkörper. Springer-Verlag, Wien 1974.

/30/ Fontanella, J., Andeen, C., Schuele, D., J.Appl. Phys.45, 1974, 2852-4.

/31/ Lowenstein, E.V., Smith, D.R., Morgan, R.L., Appl.Opt.12, 1973, 398-406.

/32/ Russel, E.E., Bell, E.E., J.Opt. Soc.Am.57, 1967, 341-8.

/33/ Roberts,S., Coon, D.D., J.Opt.Soc.Am52, 1962, 1023.

/34/ Demau, C., J.Physique. 24, 1963, 284-5.

/35/ Bottom, V.E. J.ApplPhys.43, 1972, 1493-5.

VII. Abbildungen

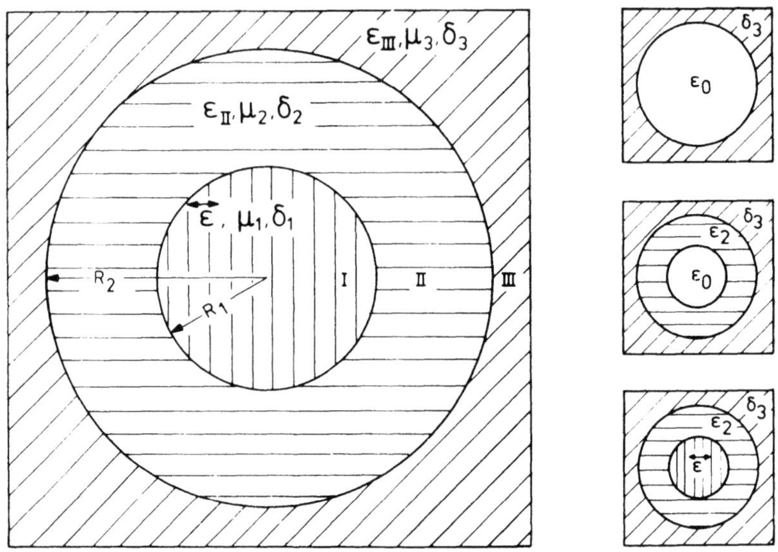

Bild III.1: Untersuchte Resonatoranordnung a) kugelförmiger Hohlraumresonator b) mit Kugelschale aus Styropor c) und anisotrope dielektrische Kugel

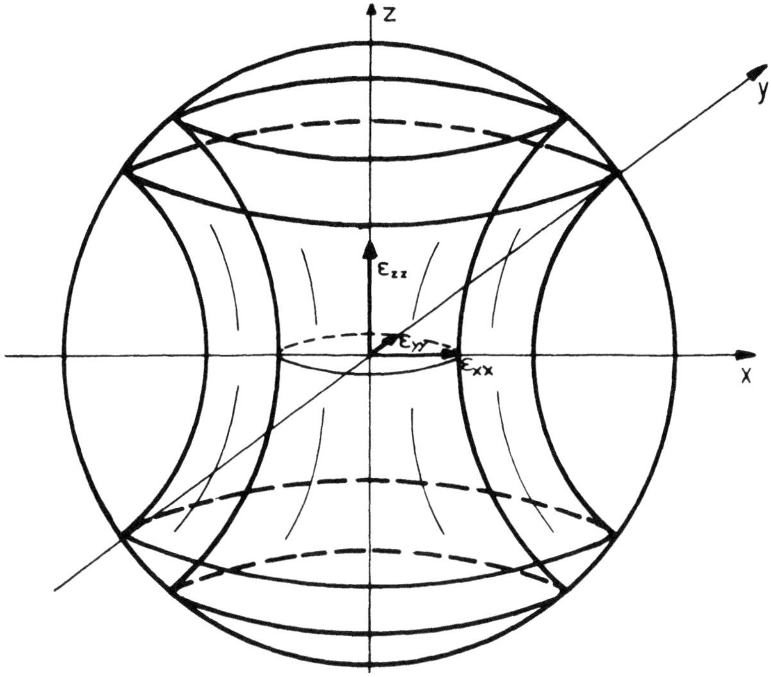

Bild III.2: Schematische Darstellung des E-Feldes des E_{110}-Typs

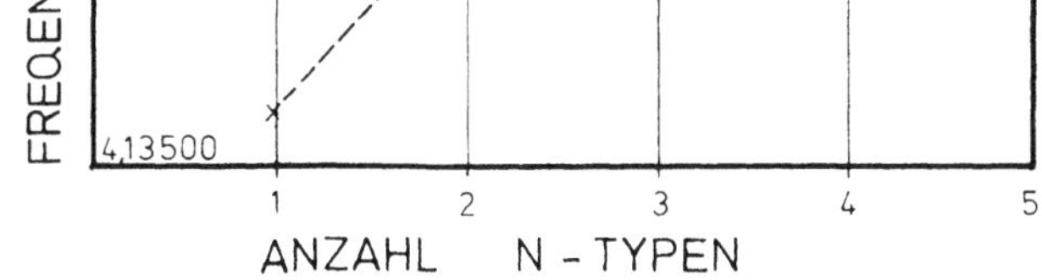

Bild III.3: Konvergenzverhalten von $H_\varphi = \sum^{N} A_n \Psi_n \cdot P_n^1$ für eine 10%-tige Anisotropie ($\varepsilon_3 = \varepsilon_1 + \varepsilon_1/10$)

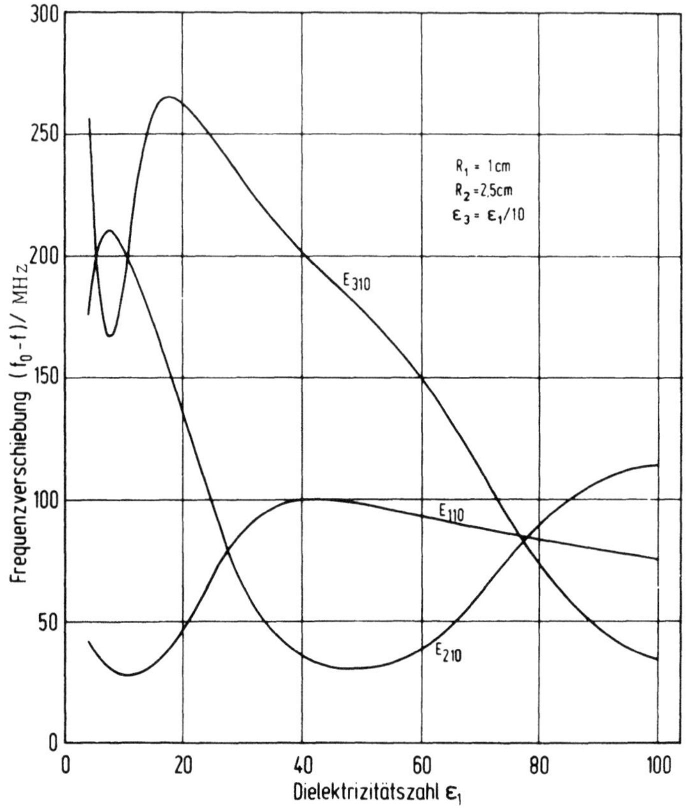

Bild III.4: Frequenzverschiebung für eine 10%-tige Anisotropie ($\varepsilon_3 = \varepsilon_1 + \varepsilon_1/10$). Für den E_{110}-Typ sind die Kurven für das Feldtypenanpassungsverfahren und das Variationsverfahren deckungsgleich

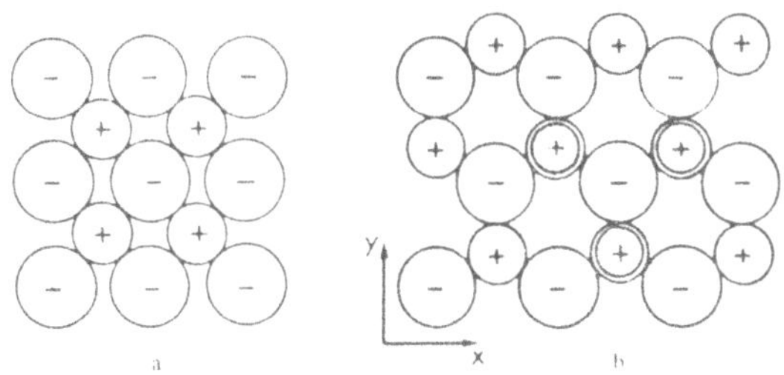

Bild IV.1: Erklärung der Piezoelektrizität anhand zweidimensionaler Gitter a) Gitterebene des Kochsalz gitters. Alle Ionenzentren sin Symmetriezentren b) Lord Kelvins Modell des Quarzgitters ohne Symmetriezentrum

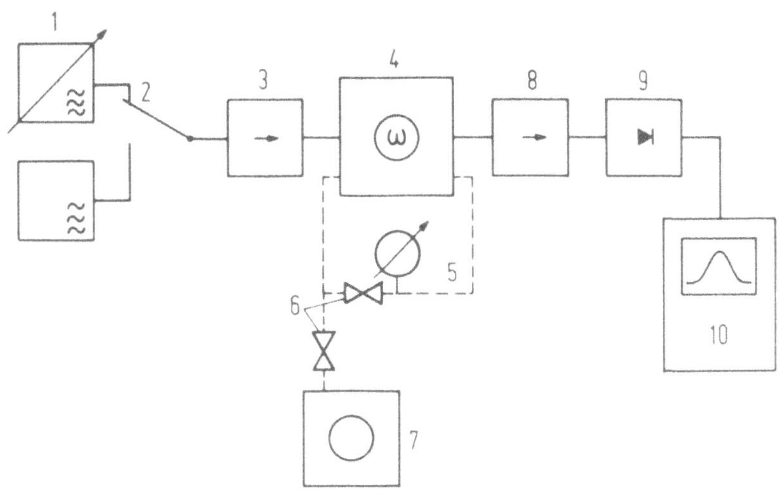

Bild IV.2: Mikrowellenmeßplatz (Erläuterungen siehe Text)

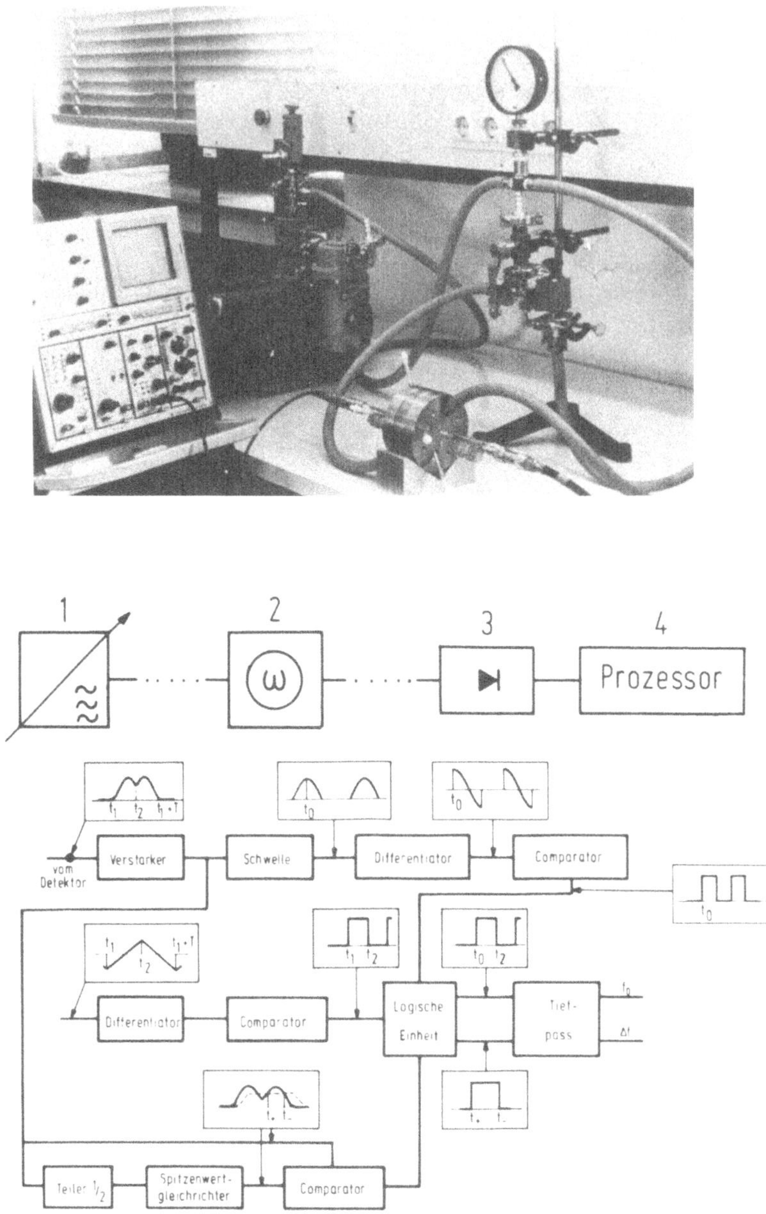

Bild IV.3: Alternativer Mikrowellenmeßplatz mit automatischer Erfassung

Bild IV.4: Meßresonator mit eingebrachter Styroporhalterung und konzentrisch gelagerter Probekugel

Bild IV.5: Meßresonator (Gesamtansicht)

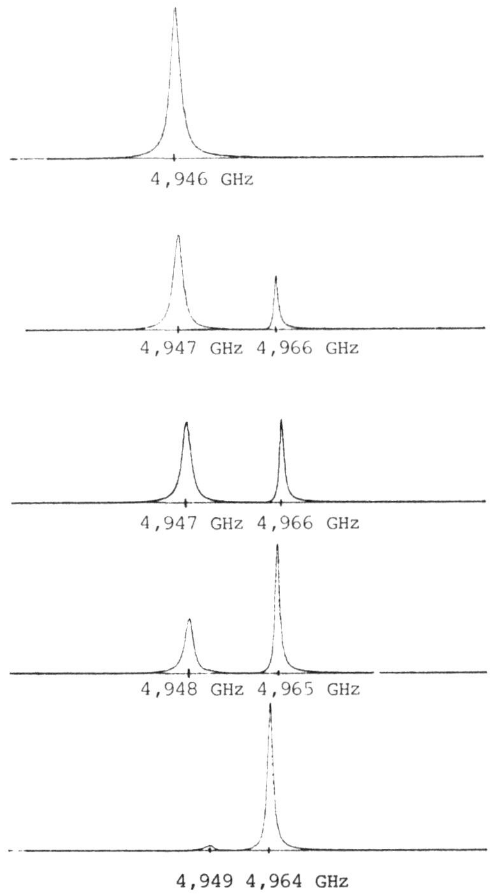

BildIV.6: Aufspaltung der Resonanzfrequenz durch eine einachsig anisotrope Meßprobe Calziumvanadat R_1=0,5cm (Quarz R_1=0,5 cm zeigt ähnliches Verhalten)

FORSCHUNGSBERICHTE
des Landes Nordrhein-Westfalen

Herausgegeben
vom Minister für Wissenschaft und Forschung

Die „Forschungsberichte des Landes Nordrhein-Westfalen" sind in zwölf Fachgruppen gegliedert:

Geisteswissenschaften
Wirtschafts- und Sozialwissenschaften
Mathematik / Informatik
Physik / Chemie / Biologie
Medizin
Umwelt / Verkehr
Bau / Steine / Erden
Bergbau / Energie
Elektrotechnik / Optik
Maschinenbau / Verfahrenstechnik
Hüttenwesen / Werkstoffkunde
Textilforschung

WESTDEUTSCHER VERLAG
5090 Leverkusen 3 · Postfach 300620

GPSR Compliance

The European Union's (EU) General Product Safety Regulation (GPSR) is a set of rules that requires consumer products to be safe and our obligations to ensure this.

If you have any concerns about our products, you can contact us on ProductSafety@springernature.com

In case Publisher is established outside the EU, the EU authorized representative is:

Springer Nature Customer Service Center GmbH
Europaplatz 3
69115 Heidelberg, Germany

Batch number: 10584556

Printed by Printforce, the Netherlands